# 智能化
# 海洋物联网
## 云服务体系及应用

中国船舶集团有限公司系统工程研究院◎组编

甄 君 张 驰 赵金红◎著

中国科学技术出版社

·北 京·

**图书在版编目（CIP）数据**

智能化海洋物联网：云服务体系及应用 / 中国船舶
集团有限公司系统工程研究院组编；甄君，张驰，赵金
红著 . —北京：中国科学技术出版社，2023.3
ISBN 978-7-5236-0111-2

Ⅰ . ①智… Ⅱ . ①中… ②甄… ③张… ④赵… Ⅲ .
①物联网—应用—海洋渔业 Ⅳ . ① S975-39

中国国家版本馆 CIP 数据核字（2023）第 046574 号

| | | |
|---|---|---|
| 策划编辑 | 杜凡如　王秀艳 | |
| 责任编辑 | 孙倩倩　杜凡如 | |
| 版式设计 | 蚂蚁设计 | |
| 封面设计 | 北京潜龙 | |
| 责任校对 | 焦　宁 | |
| 责任印制 | 李晓霖 | |

| | | |
|---|---|---|
| 出　　版 | 中国科学技术出版社 | |
| 发　　行 | 中国科学技术出版社有限公司发行部 | |
| 地　　址 | 北京市海淀区中关村南大街 16 号 | |
| 邮　　编 | 100081 | |
| 发行电话 | 010-62173865 | |
| 传　　真 | 010-62173081 | |
| 网　　址 | http://www.cspbooks.com.cn | |

| | | |
|---|---|---|
| 开　　本 | 710mm×1000mm　1/16 | |
| 字　　数 | 262 千字 | |
| 印　　张 | 19.5 | |
| 版　　次 | 2023 年 3 月第 1 版 | |
| 印　　次 | 2023 年 3 月第 1 次印刷 | |
| 印　　刷 | 河北鹏润印刷有限公司 | |
| 书　　号 | ISBN 978-7-5236-0111-2/S・790 | |
| 定　　价 | 99.00 元 | |

# 序言

加速推动海洋产业信息化与智能化，着力形成"信息透彻感知、通信泛在随行、数据充分共享、应用服务智能"的海洋信息服务体系，是我国走向深蓝、由陆向海、构建海洋命运共同体的必由之路。

在我国建设海洋强国的战略背景下，"数字海洋"工程、"透明海洋"计划、"智慧海洋"工程应运而生。我国于1999年提出"数字海洋"概念，并于2003年正式启动数字海洋信息基础框架构建项目，成为海洋信息化领域首个全国范围内的专项工程。在"数字海洋"的基础上，崂山实验室的吴立新院士近年提出"透明海洋"大科学计划构想，旨在通过海洋环境信息立体监测、环境特征时间变化预测，实现海洋状态透明、过程透明、变化透明。"十三五"规划期间开展的"智慧海洋"工程是在信息主导、体系建设思想指引下，以工业大数据、互联网和人工智能技术推动海洋信息化、智能化的系统工程，是海洋数据赋能海洋传统产业的积极探索，也是实现从认识海洋到经略海洋的大胆尝试。

在海南省科技厅的支持下，以"智慧海洋"工程为背景，中国船舶集团系统工程研究院牵头的项目团队，针对智能化广域海洋物联网服务开展关键技术研究与应用示范，以海上跨域通信、数字孪生、区块链等新一代信息技术为抓手，推动海洋信息互联互通互融，面向船队管理、海上执法、环境监测等应用提供智能信息服务。

海洋信息化、智能化建设将带动传感、通信、大数据、人工智能、区块链等先进信息技术在海洋领域的创新应用，也将赋能传统海洋产业转型升级，推动智慧渔业、智慧航运、智慧旅游等产业跨越式发展。本书中相关技术的研究应用只是海洋信息化、智能化建设过程中的"冰山一角"，未来将有更多的新技术与业务、产业结合，催生出一系列新装备、新业态、新应用，以海洋信息技术牵引的海洋技术应用和产业创新必将成为蓝色经济发展的新动力！

中国船舶集团有限公司　首席专家

何元安

# 前言

物联网（Internet of Things, IoT）是新一代信息技术的高度集成和综合运用，已广泛应用于工业制造、仓储物流、智慧城市、智慧医疗和智慧农业等陆地应用领域[1-4]。随着天地一体化信息网络、云计算、大数据、人工智能等物联网关键技术的发展，物联网应用从陆地物联网迅速拓展至空天物联网[5]和海洋物联网[6-9]，构成陆、空、天、海全域泛在物联网。其中，海洋物联网由于海洋多维度空间的特殊性，与陆地物联网、空天物联网紧密耦合，其技术发展与应用推广具有重要的价值和作用。2019年习近平总书记指出："当前，以海洋为载体和纽带的市场、技术、信息、文化等合作日益紧密，中国提出共建21世纪海上丝绸之路倡议，就是希望促进海上互联互通和各领域务实合作，推动蓝色经济发展，推动海洋文化交融，共同增进海洋福祉。"海洋物联网实现海洋空间的互联、融合、共享，可作为海上丝绸之路有效的承载模式和发展途径。在"一带一路"倡议与"智慧海洋"等国家海洋战略指引下，开展海洋物联网研究与应用，将有效带动海洋设施、海洋数据、海洋活动的互联互通与开放共享，促进海洋科技与海洋产业发展，推动海洋经济转型升级与创新。

本书以"智能化海洋物联网应用系统关键技术研究与应用示范项目［海南省重大科技计划资助（ZDKJ2019003）］"为支撑，通过科研实践，开展海洋物联网与云计算技术融合运用，构建智能化海洋物联网云服务体系，在云计算提供的基础设施即服务（Infrastructure as a Service, IaaS）、平台即服务（Platform as a Service, PaaS）、软件即服务（Software as a

Service, SaaS）基础上，拓展了海洋物联网相关基础设施资源共享和云服务模式。其中，在资源共享内容中将海洋物联网感知设施、通信设施与云计算设施等信息与通信技术（Information and Communication Technology, ICT）资源统筹运用，提供泛在的海洋物联网基础设施即服务。在云服务模式内容中根据海洋物联网的应用需求，提供更为丰富的海洋信息化服务，包括海洋物联网跨域通信管理即服务，简称通信即服务（Communications as a Service, CaaS）；海洋物联网应用支撑平台即服务，简称平台即服务；海洋物联网岸海孪生数据即服务，简称数据即服务（Data as a Service, DaaS）；基于区块链技术的海洋物联网信息安全即服务，简称区块链即服务（Blockchain as a Service, BaaS）；海洋物联网应用软件服务，简称软件即服务等多种云服务模式。

本书在中国船舶集团有限公司系统工程研究院 "智慧海洋"工程建设和"智能化海洋物联网应用系统关键技术研究与应用示范项目"等成果基础上完成，非常感谢何元安首席专家的支持以及项目组张朝金、吴浩晨、梁琰、郝燕、赵辉、史军杰、张亚菲等同事的帮助。感谢中船电子科技（三亚）有限公司、中船（浙江）海洋科技有限公司、中国科学院声学研究所北海研究站、中国科学院信息工程研究所、浙江大学信息与电子工程学院、浙江大学计算机辅助设计与图形学国家重点实验室、西安纸贵科技有限公司等单位在本书编写过程中给予的技术协助。

本书从海洋物联网系统集成和工程应用角度阐述了智能化海洋物联网云服务体系的构成与相关应用场景，由于作者学识有限，如有错误和疏漏之处，敬请批评指正。

# 7

**海洋物联网岸海孪生数据即服务**

# 8

**海洋物联网区块链即服务**

# 9

**海洋物联网软件即服务**

# 1

## 海洋物联网概述

智能化海洋物联网
云服务体系及应用

# 1.1 物联网技术概况

## 1.1.1 物联网概念

1991年，美国施乐公司首席科学家马克·维瑟在《科学美国人》杂志上发表文章《21世纪的计算机》，文中开创性提出"普适计算"（Ubiquitous Computing，UC）的思想，认为计算机将发展到与普通事物无法分辨为止，人们能随时随地通过任何智能设备连接网络享受各种服务，计算机技术最终将无缝地融入日常生活中。1999年，在美国召开的移动计算和网络国际会议上，美国麻省理工学院自动识别中心的凯文·阿什顿教授在研究射频识别（Radio Frequency Identification，RFID）技术时结合物品编码、射频识别和互联网技术的解决方案首次提出了"物联网"的概念。

2005年，国际电信联盟（International Telecommunication Union，ITU）发布了《ITU互联网报告2005：物联网》，正式提出了"物联网"的概念[10]：物联网是通过二维码识读设备、射频识别装置、卫星定位系统和激光扫描器等信息传感设备，按照约定的协议，把任何物品与互联网连接，进行信息交换和通信，以实现智能化识别、定位、跟踪、监控和管理的一种网络。物联网实现物与物之间的互联、共享、互通，因此是"物物相连的互联网"。

ITU-T Y.4000①中如下定义物联网：信息社会全球基础设施（通过物理和虚拟手段）将基于现有和正在出现的信息互操作和通信技术的物相互连接，以提供高级的服务。另外也有研究提出了广义物联网的概念[11]：物联网是由互联网与传感网有机融合形成的一种面向人、机、物泛在智慧互联的信息服务网络，它利用传感、通信与计算等技术赋予事物（包括人）感知识别能力，基于融合的通信网络实现事物的泛网络接入与人机交互，借助虚拟组网、智能计算、自动控制等技术实现事物的动态组网、功能重构与决策控制，最终面向用户个性化需求提供高效信息服务。

## 🌐 1.1.2　物联网体系架构

相关文献使用多种不同的分层模型描述物联网体系架构[12-14]，本书从物联网逻辑功能角度介绍一种广泛应用的物联网架构，即简化抽象的物联网体系架构三层模型，包括感知层、网络层和应用层，如图1-1所示。

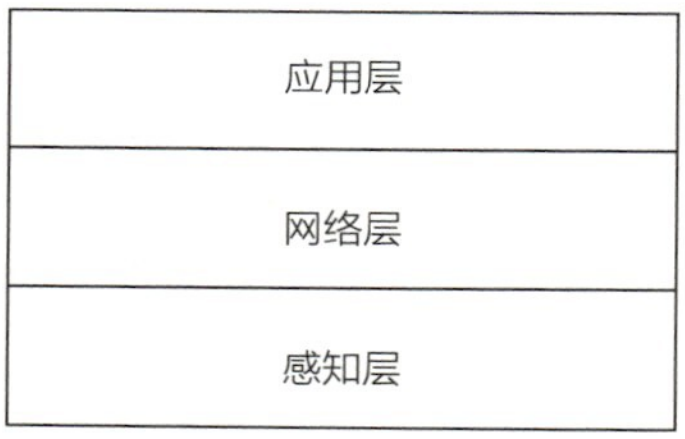

| 应用层 |
| --- |
| 网络层 |
| 感知层 |

图1-1　物联网体系架构三层模型

其中，感知层实现对物理世界的智能感知与识别，提供数据采集和感知控制功能；网络层又称为信息传输层，实现物联网信息的传递、路由和控制；应用层面向多领域、多行业提供应用支撑和业务服务。

---

①　ITU-T Y.4000指国际标准《智慧海洋概述及其ICT实施要求》。

## 1.1.2.1　物联网技术体系架构

参照上述三层模型的物联网技术体系架构如图1-2所示，包括感知层、网络层和应用层技术，以及一个公共技术按需为三个逻辑层提供相应的技术服务。

图1-2　物联网技术体系架构

（1）感知层技术

物联网感知层技术包括高分辨率精确感知、多功能综合感知、标准化通用感知，以及边缘计算、小型化低功耗技术等。在技术实现上包括数据采集功能和感知控制功能。

数据采集功能用于采集物理世界中发生的物理事件和数据，包括各类物理量、标识、音频、视频数据等。物联网的数据采集技术涉及声/光/电/磁传感器、二维条码、射频识别、多媒体信息采集和实时定位等技术。

感知控制功能用于传感器网络组网和协同信息处理，对数据采集技术所获取的传感器、射频识别、全球定位系统等数据，应用短距离传输、自组织组网、多传感器对数据的协同信息处理，以及信息采集中间件等技术实现感知端的感传控制。

（2）网络层技术

物联网网络层由电信移动通信网、互联网、卫星通信网、专用网络、网络管理控制系统等异构网络组件构成，用于对感知层和应用层之间的数据进行传递。网络层需要传感器网络与移动通信网、互联网相互融合，核心技术包括高时效性、高可靠性、高安全性的信息传输技术等。

网络层的逻辑结构通常包括接入层、汇聚层与核心层。接入层相当于TCP/IP协议中的物理层和数据链路层，可分为无线接入和有线接入。其中，无线接入包括无线局域网、移动通信和机器对机器（M2M）通信等，有线接入包括现场总线、电视电缆、电话线、光纤网络等。汇聚层位于接入层与核心层之间，进行数据分组汇聚、转发、交换，以及进行本地路由、过滤、流量均衡等。核心层为物联网提供高速、安全和具备服务质量保障能力的数据传输，核心层可以是IP网、非IP网、虚拟专网，以及上述不同交换网络的组合。

（3）应用层技术

物联网应用层面涉及的核心技术包括云计算、大数据、人工智能、信息安全等技术。应用层又可划分为应用支撑子层和应用业务子层。

应用支撑子层提供支撑跨行业、跨应用、跨系统之间的信息协同、共享、互通等功能。应用支撑子层是所有物联网终端数据的汇聚点，负责对数据进行统一存储、处理、分析。应用支撑子层通过具有标准应用程序接口（API）的中间件，为应用业务子层提供信息处理、计算等通用基础服务设施、能力及资源调用接口。

应用业务子层面向多领域的多业务需求，提供泛在智能化应用解决方案，包括环境监测、智能交通、智能家居、智能物流、工业控制等应用。

（4）公共技术

公共技术与感知层、网络层和传输层相互关联，为三个逻辑层提供标识与解析、安全技术、服务质量（Quality of Service，QoS）管理和网络管理等技术服务。

### 1.1.2.2　物联网云平台架构

在物联网技术体系架构中，应用层被划分为应用支撑子层和应用业务子层，其中应用支撑子层是设备、信息、数据交互和处理的核心节点。随着云计算技术的成熟及其在物联网应用系统中的广泛使用，应用支撑子层从应用层中独立出来，演进为物联网云平台层，形成四层模型的物联网云平台架构，如图1-3所示。物联网云平台层向下接入感知层和传输层，汇集

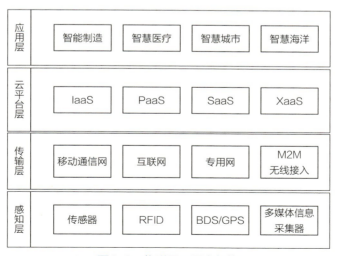

图1-3　物联网云平台架构

感知数据；向上面向应用服务需求，提供物联网应用业务开发所需的基础性平台和隔离底层网络的统一数据接口，支持具体业务需求的基于数据的物联网应用。

在物联网云平台架构中，物联网云平台提供了实现物联网解决方案所需的信息技术（IT）资源和服务。利用物联网云平台，可以打破垂直行业的数据孤岛和应用孤岛，促进大规模开放应用的发展，形成新的产业生态，实现服务的增值化。同时，利用云平台对数据的汇聚能力，可以深入挖掘物联网数据价值，衍生新的应用类型和应用模式。

# 1.2　海洋物联网发展

## 1.2.1　海洋物联网内涵

海洋物联网是物联网技术在海洋领域的应用，目前尚未形成明确统一的定义。海洋领域的专家学者根据各自的工作和研究方向给出了海洋物联网的相关描述[9, 15]。2018年10月，在青岛海洋科学与技术试点国家实验室召开的海洋物联网前沿技术大会提出，海洋物联网是在计算机互联网的基础上通过云计算、大数据、移动互联等新一代信息技术，构建的跨地域、跨空域、跨海域的空天地海一体化网络。

本书认为，海洋物联网是海洋基础设施建设与海洋信息化的高度集成，是物联网、云计算、大数据、数字孪生、区块链、边缘计算、卫星通信网络等新一代信息技术在海洋领域的高度融合运用。海洋物联网具有广义性和广域性，以及智能化和服务化特征。其广义性和广域性体现在海洋物联网利用海洋通信网与互联网，实现部署于岸、空、天、海面、水下多维海洋空间的多种形态信息节点及其搭载各类感传设施的互联互通与海洋信息互融互用，形成对海洋活动、海洋环境与海洋资源的综合感知与智能管控。

智能化和服务化体现在海洋物联网以海洋多维综合感知网络、岸海跨域融合通信网络、海洋大数据中心等海洋信息设施为基础，基于云计算、大数据、数字孪生、区块链等智能化信息技术，提供海洋信息获取、传输、处理、分析的集成应用，实现全面透彻的感知、宽带泛在的互联、智能融合的海洋服务。海洋物联网面向政府、企业、科研、公众等多种涉海领域提供广域海洋态势认知与智能化海洋管控服务，涉海业务涵盖海洋航运、海洋执法、海洋应急救援、海洋军事安全、海洋观测预报、海洋生态环境保护、海域海岛管理、海洋渔业、海洋旅游、海洋资源开发等众多应用。

## 🌐 1.2.2　面向海洋观测的海洋物联网

目前在全球广泛建立和使用的海洋环境观监测系统可以认为是典型的海洋物联网应用，其综合利用先进的海洋观测技术及手段，实现高密度、多要素、全天候、自动化的海洋立体观测，获取海洋地理、海洋物理、水文气象、海洋生态等多要素海洋环境数据，并进一步提供数字化、网络化、智能化和可视化的信息服务。

目前规模最大、综合性最强的海洋观测系统是由联合国教科文组织政府间海洋学委员会等机构提出并建立的全球海洋观测系统（Global Ocean Observing System，GOOS）[16]，它包括海洋与气候、海洋生物资源、海洋健康状况、海岸带监测、海洋气象与业务化海洋学等五个发展模块，初步形

成了由海洋卫星、各类浮标和沿海台站组成的全球业务化海洋学系统，为海洋预报和研究、海洋资源的合理开发和保护、控制海洋污染、制定海洋和海岸带综合开发和整治规划等提供长期和系统的资料。在全球海洋观测系统框架下，各海洋国家积极发展和建设海洋监测系统，并对海洋数据集成与应用服务开展了大量研究工作。例如，欧洲成立欧洲海洋观测系统，美国和加拿大联合成立美加海洋观测系统。

美国非常重视海洋环境信息技术，美国国家海洋和大气管理局制定的综合海洋观测系统（Integrated Ocean Observation System，IOOS）包括监测子系统、数据通信子系统和应用服务子系统[17, 18]，能够迅速访问众多来源的多学科数据，为多个目标提供所需的数据、信息和相关服务，建立联邦部门、州部门和私营部门之间横向交叉的伙伴关系，提高了对海洋数据进行采集、传输和使用的能力，其体系架构如图1-4所示。

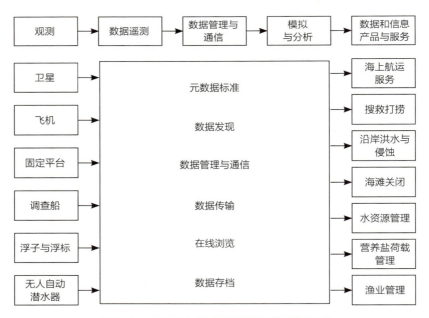

图1-4　美国综合海洋观测系统体系架构[19]

我国在"十一五"期间开展了数字海洋建设[20]，基于近海观测与数据汇集，构建数字海洋信息基础框架。数字海洋是基于海洋观测与数据汇集的海洋数字化、可视化表达，通过集成海量、多分辨率、多时相、多类型的海洋观监测数据及其分析算法和数值模型，运用"3S"技术［基于全球定位系统（Global Positioning System，GPS）、遥感（Remote Sensing，RS）、地理信息系统（Geographic Information System，GIS）］、数据库技术、网络技术、科学视算、虚拟现实等技术手段构建一个虚拟的海洋系统。

美国机器人设计制造公司（Liquid Robotics）公司（一家自动化机器人公司）也提出"数字海洋"概念，其认为"数字海洋"本质上就是海洋物联网。通过推广"数字海洋"，利用水下传感器、无人潜航器、空中无人机、遥感卫星和通信卫星等构建覆盖广泛海域的海洋空间网络，提供海洋数据和计算能力共享。

## 🌐 1.2.3 面向海洋服务的智能化海洋物联网

随着卫星互联网、云计算、大数据、数字孪生、区块链等信息技术的快速发展及其在海洋工业化和海洋信息化领域的融合应用，对海洋空间的人员、目标、环境、资源等进行智能化感知与互联、处理与分析、认知与决策、控制与执行，形成了泛在的智能化海洋物联网。

美国国防高级研究计划局（Defense Advanced Research Projects Agency，DARPA）为提升海上分布式态势感知能力，开展了"海洋物联网"（Ocean of Things，OoT）项目，通过部署大量低成本、智能化的海上浮标以组成分布式传感器网络，实现对大范围海洋区域的持续态势感知[21]。整个系统由海上浮标、卫星通信系统和位于云端的数据分析系统组成，如图

1-5所示。

图1-5　美国国防高级研究计划局海洋物联网项目概念图[22]

美国国防高级研究计划局海洋物联网项目强调在范围很广的海域部署高密度的浮标，通过对浮标实时传感器数据进行分析和处理，不但可以预测海洋环流、校准卫星测量数据、跟踪研究海洋动物，还可以全天候监视船只、舰艇，获得其航迹等基本情况信息。美国通过对海洋资源的动态管理，创新海洋科学技术，充分利用海洋的隐形优势，推动海洋科学进步，以保持在海洋方面的优势。

目前我国海洋领域正在广泛开展"智慧海洋"工程建设，涉及智慧海洋航运、智慧海洋牧场、智慧海洋生态保护、智慧海洋维权执法、智慧海洋港口建设、智慧海洋文化旅游、智慧海洋装备技术等众多行业。"智慧海洋"发展目标是以海洋综合感知网、海洋信息传输网、海洋大数据云平台等信息基础设施建设为主体，为海洋环境认知、经济活动、装备研发、安全管控等提供智能化应用服务，在内涵上与海洋物联网紧密契合，可以说，海洋物联网是"智慧海洋"针对特定业务领域的具象和物化，并为"智慧海洋"应用提供智能化服务。

# 1.3 海洋物联网应用特征

海洋物联网以多维海洋感知网络、岸海跨域融合通信网络、海洋大数据中心等海洋信息化设施为基础，融合运用云计算、大数据、人工智能、数字孪生、区块链等信息技术，实现全面透彻的感知、宽带泛在的互联、智能融合的海洋应用，具有海洋综合感知、异构互联、虚实融合可视、信息安全共享、云计算与边缘计算相结合等特征。

## 🌐 1.3.1 海洋多维综合感知

海洋物联网信息感知网络包括岸基对海观测信息节点，海基多功能浮台、浮标、潜标、岛礁、钻井平台等固定信息节点以及航运船、渔船、养殖工船、无人船艇、水下潜航器等机动信息节点，空基无人机与天基卫星等空/天海洋遥感信息节点等各种形态信息节点。在每一个信息节点上都按需部署了多种海洋目标监视与海洋环境观测设备，实现对海洋空间空中、海面、水下的综合感知。

## 🌐 1.3.2 海洋广域异构互联

与广泛使用互联网的陆地物联网不同，海洋物联网更多地利用卫星通信、公网通信、专网通信、海面组网通信、水声通信等异构网络，提供水下与海面、陆地与海洋的跨域通信，为实现信息有效传输，需针对异构通信网络建立跨域通信网关，以适应各种异构网络的互联。

### 🌐 1.3.3　岸海孪生智能可视

在海洋物联网应用系统中，利用数字孪生、二维/三维GIS等技术，开展设备/目标/环境等海洋数据建模、大数据分析预测、人工智能决策支持，为海洋信息服务提供虚拟融合可视化展现与远程智能化管控，实现海洋装备健康管理，海洋目标态势监控、海洋环境多物理场可视化等。

### 🌐 1.3.4　海洋信息安全可追溯

目前区块链与物联网的融合已经成为热点，区块链技术定义了机器与机器之间的信任机制和合作协议，在不引入第三方中介机构的前提下，为物联网应用提供防篡改、可追溯、数据加密等安全性保障。海洋物联网应用系统针对海洋数据安全问题，采用区块链技术，提供海洋物联网跨信息节点域的信任互联和数据安全共享。

### 🌐 1.3.5　云边端协同运用

海洋物联网采用岸基集中式云计算、海基信息节点分布式边缘计算以及智能感传终端相结合的方式，为用户提供低时延、高安全和灵活运用的云边端协同服务。通常，海洋物联网在岸基云计算中心或岸基海洋业务应用中心为海洋物联网应用系统提供计算、存储、网络等基础服务。边缘计算被部署在靠近实时数据源头端，进行原始数据分类提取、清洗去噪、打包压缩、加密传输等预处理，形成分布式边缘计算能力，减轻云中心负荷，为应用提供更快的响应。海洋物联网广泛采用多种类型的智能化感传终端，远程实时接入边缘计算或云计算。

# 2

## 海洋物联网体系构成

智能化海洋物联网
云服务体系及应用

# 2.1 总体架构

海洋物联网是海洋基础设施与海洋信息系统的综合集成，在体系构成上包括能力体系、标准规范体系、信息安全体系、运维保障体系、基础设施与技术体系五个部分，总体架构如图2-1所示。

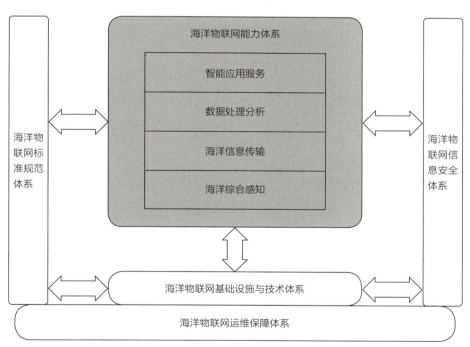

图2-1　海洋物联网总体架构图

## 2.2　海洋物联网能力体系

　　能力体系是海洋物联网的核心，它要求海洋物联网具备海洋综合感知、信息可靠传输、数据处理分析与智能应用服务等能力。其中，海洋综合感知能力将新型多功能一体化传感技术与海洋装备相结合，利用声、光、电、磁、化等探测手段，实现岸、空、天、海面与水下的全维感知与立体监测。海洋信息传输能力融合运用卫星通信、公网通信、专网通信、海面组网通信、水声通信等多种通信技术，构建海洋广域无线通信网络，实现信息可靠传输和及时共享。海洋数据分析处理能力利用云计算、大数据、机器学习等技术建立完善的数据资源池，实现海洋数据的整合、优化和分析，提供知识服务。海洋业务智能应用服务能力打造面向海洋公共信息服务和行业专用信息服务的多元化信息服务平台，为政府、行业、公众用户提供定制化的信息服务、高效的决策支持和智能化的响应机制。

　　基于海洋物联网能力体系，其物理架构可划分为空间节点层、基础设施层、海洋数据层与应用服务层四个层级，如图2-2所示。

　　（1）空间节点层

　　空间节点层包括构成广域海洋物联网的岸基、海面、水下、空基、天基等多维空间载体。其中，岸基信息节点包括岸基云计算中心、岸基对海观测设施、岸海通信设施。海基信息节点包括岛礁、钻井平台、浮台、浮标、潜标等固定信息节点，以及商货船、测量船、渔船、无人艇、无人潜器等机动信息节点，提供海洋信息感知、信息传输与边缘计算等功能；空基信息节点包括通航飞机、无人机等，提供对海遥感监视以及海洋应急通信等功能；天基信息节点提供卫星通信、导航与遥感等功能，是海洋物联网的重要组成部分。

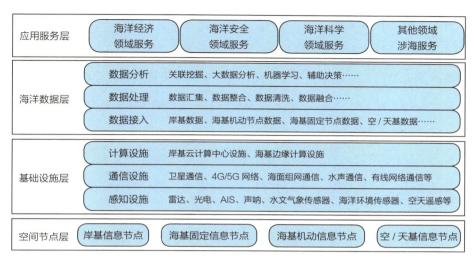

图2-2　海洋物联网能力体系物理架构框图

（2）基础设施层

基础设施层包括搭载于空间节点层的感知设施、通信设施和计算设施。其中，感知设施包括雷达、光电、船舶自动识别系统（Automatic Identification System，AIS）、声呐、水文气象传感器、海洋环境传感器与空天遥感等，通信方式包括卫星通信、公网通信、海面组网通信与水声通信等，计算设施包括岸基云计算中心的各类服务器与网络等计算设施，以及海基边缘计算相关设施。

（3）海洋数据层

海洋数据层完成海洋物联网的数据接入、数据处理以及数据分析。数据接入用于开展多源多模态海洋信息资源采集与更新，通过接入海基、空基、天基、岸基对海感知数据，形成海、空、天、岸等多源涉海数据资源目录体系，并纳入海洋大数据平台管理。数据处理与数据分析充分利用海洋大数据平台汇聚的海量、多源、多维、多尺度、多分辨率、结构化和非结构化的海洋数据，基于海洋数据清洗、抽取转换、多源融合等综合处理，提供相关的

决策分析和评价评估模型，利用时空关联分析与挖掘、协同交互分析推理、可视化表达等关键技术，深度挖掘海洋行业数据之间、海洋经济发展态势之间的关联，揭示海洋自然规律，为海洋综合管控辅助决策提供可视化、智能化服务支持，同时为各类海洋业务管理提供基于信息和知识的应用服务支撑。

（4）应用服务层

应用服务层以海洋数据层为支撑，面向政、警、企、研、学、公众等不同海洋用户，按需提供海洋经济、海洋安全、海洋科学等领域的涉海业务应用服务，例如海洋开发利用服务、海洋权益维护安全保障、海洋政务管理应用、海洋公共服务保障、海洋生态文明建设信息服务等。

# 2.3 海洋物联网标准规范体系

海洋物联网标准规范体系建设参考物联网相关规范和智慧海洋相关规范，面向海洋航运、海洋开发、海洋科考、海洋防务、防灾减灾等应用需求，构建海洋物联网标准体系框架，需覆盖海洋综合感知、信息传输、数据服务、业务应用、基础设施与配套设施等领域。中国船舶集团有限公司系统工程研究院联合中国信息通信科技集团代表中国牵头制定的国际标准《智慧海洋概述及其ICT实施要求》（*Overview of Smart Oceans and Seas, and Requirements for Their ICT Implementations*），由国际电信联盟正式审议通过，标准编号为ITU–T Y.4004。《智慧海洋概述及其ICT实施要求》概述了智慧海洋的定义、目标、概念模型和共同特征，规定了智慧海洋中信息通信技术实施的技术要求，还在附录中提供了智慧海洋应用于航运、渔业、资源开发、旅游、灾害预警、海事安全、环保和应对气候变化的一些案例。

海洋物联网标准规范建设以《智慧海洋概述及其ICT实施要求》为顶层标准，针对海洋物联网综合感知、信息传输、数据服务与业务应用等能力要求，研究、补充、编制海洋物联网信息感知、信息通信、数据服务标准、基础设施建设、信息技术装备、运维管控与应用服务等相关标准规范。

（1）海洋物联网信息感知标准

围绕海洋物联网多业务应用中的海洋目标探测、水文气象感知、生态环境监测、海洋声环境分析、油气矿产资源勘探、地质勘查、地形地貌勘查等内容开展相关标准研究，补充重点领域缺项标准，为建设全空间全方位立体感知提供支撑。

（2）海洋物联网信息通信标准

围绕岸基、海面、水下、空中、天基之间稳定、可靠、安全、大容量的信息传输与交换服务需求，针对海洋物联网通信网络架构、信道模型、网络资源管理机制等相关要求，以及海上无线通信、海洋卫星通信、岸基移动通信、集成海洋通信系统等多种通信手段，开展标准研究与验证，提升海洋物联网通信保障能力。

（3）海洋物联网数据服务标准

围绕海洋数据的获取、分析与应用，海洋大数据平台建设，涉海行业信息基础设施的集约利用，海洋数据资料的交互融合和挖掘分析，海洋信息决策支持与发布共享，智能化云服务等开展相关标准研究，提升海洋信息资源的智能分析和共享服务水平。

（4）海洋物联网基础设施建设标准

围绕海洋环境、海洋目标、涉海活动和重要海洋装备等信息的全面获取，针对海洋物联网各类基础设施的建设，海洋保障设施的开发等开展相关标准研究与验证，补充重点领域缺项标准，推动海洋物联网信息基础设施全面升级。

（5）海洋物联网信息技术装备标准

围绕海洋智能船舶、无人船、海洋机器人，深海装备、新型观测设备等海洋物联网信息装备发展及新型信息技术应用，开展相关标准研究与验证，补充重点领域缺项标准，为转变和优化海洋管控与海洋开发方式提供标准支撑。

（6）海洋物联网装备设施运维管控与应用服务标准

围绕海洋物联网设备运维、资源调度、运营服务和综合保障，各部门涉海信息存量资源整合，各信息与业务应用系统间交流互联，海洋政务综合管理、海洋安全服务、海洋公共信息服务、海洋经济开发、海上应急救助等智能化应用服务体系建立等开展相关标准研究，提高海洋物联网业务应用能力。

# 2.4  海洋物联网信息安全体系

海洋物联网信息安全体系提供海洋信息安全管理和技术安全保障。在信息安全管理方面，实施海洋信息安全等级保护，开展各类重要信息系统定级备案、建设整改、等级测评和监督检查。在技术安全保障方面，开展海洋关键信息基础设施安全防护，提供感知安全、传输安全、云基础设施安全和云应用安全等立体安全防护。安全监测预警和应急处置系统，实现对各种系统、设备、安全产品的集中管理和监控，提高全方位安全态势感知和应急处置能力[23]。

依照信息安全等级保护标准和要求，制定海洋信息安全保护策略，针对海洋物联网相关的信息系统在海洋信息采集、传输、存储、分析及综合应用等各个层次的安全需求，综合应用各种安全防护措施与技术，对海洋信息进行严格控制和防护，以确保信息的完整性、保密性、真实性和不可否认性，同时考虑系统的运行维护与管理，以满足海洋信息系统的高可用性。该体系从安全策略、安全防护、安全运维与安全管理四个维度构建海洋物联网信息安全体系，保障海洋信息系统终端、网络、云端数据中心和业务应用的安全。

（1）安全策略

依据信息安全等级保护标准和要求，提供包括结构化保护、分域防护、纵深防御、异构服务和应用强隔离等策略。其中，结构化保护策略实现覆盖终端、网络和云端的关键设备和部件的安全性；分域防护策略针对业务的关键程度或安全级别进行系统分域。在域内实施访问控制的同时，根据域间的访问关系和信任关系，分域防护策略设计域间访问与边界防护策略，对进入高等级域的信息进行数据规划，对于进入低等级域的信息进行审查和转化；纵深防御策略针对各应用系统边界、内部服务网边界、外部服务网边界进行全面分析和纵深防御体系及策略设计，在边界间设置强隔离设备，在网络层和应用层建立较大纵深的防御层次结构；异构服务策略针对应用系统核心及关键设备的异构性，制定兼容性和可移植性机制，确保系统的容错能力；应用强隔离策略针对应用系统、内部网络和外部网络，通过数据交换机制实现信息的摆渡，对超文本传输协议（Hyper Text Transfer Protocol，HTTP）等进行深度过滤，可防止协议攻击和对服务器的攻击。

（2）安全防护

信息安全防护主要包括可信终端安全防护、网络通信安全防护、云端安全防护。其中，终端安全防护基于可信密码模块（TCM）安全芯片、可信引导、操作系统内核级度量、远程证明，以硬件TCM安全芯片为信任基础，确保终端安全；网络通信安全防护基于智慧海洋通信传输方式、特征和安全威胁，综合应用加密算法、消息验证、安全路由、网络攻击检测与防护、域内节点认证和访问控制、跨域节点认证和访问控制等机制，确保网络通信安全；云端安全防护基于国产基础软硬件、云存储加密、用户身份管理、密码服务、系统发布授权、应用安全审计、安全访问策略、恶意代码防范等安全技术，构建公钥基础设施（PKI），确保云端安全。同时，信息安全防护提供身份认证、统一的授权机制、行为审计等统一的安全保护机制，防止各业务应用的数据和应用的非授权访问。

（3）安全运维

安全运维包括安全运维服务、集中运维管理服务、常态化测评服务和风险管理控制服务。其中，安全运维基于综合评估、告警分析、风险预警评估、防护加固、监控应急、审计追查等方面，建立集风险评估、安全加固、安全巡检、应急响应、系统恢复、安全审计和违规取证于一体的完整闭环结构；集中运维管理提供统一的事件采集、存储、查询处理、统计分析及综合呈现等事件集中管理和统一的终端、网络、云端和系统应用相关的安全设备的集中监测与管理；常态化测评提供数据收集与分析、流程管理、测评模型管理、综合分析和统一展现，实现对各业务安全测评的常态化；风险管理控制提供事前安全防护、事中安全运维和事后安全审计。

（4）安全管理

安全管理包括安全管理制度建设、安全管理机构建设和人员安全管理建设。其中，安全管理制度建设是构建信息安全管理制度体系，同时规范安全管理制度的制定、发布、评审和修订；安全管理机构建设是设置安全领导小组，全面负责信息安全全局工作，同时设置信息安全职能部门，进行相关安全岗位设置；人员安全管理建设是制定并落实对一般岗位人员和关键岗位人员的录用、离岗和考核要求，制定外部人员访问管理办法，同时对人员进行安全培训与教育。

## 2.5 海洋物联网运维保障体系

海洋物联网运维保障体系对海洋物联网能力体系提供支撑，保障海洋物联网各项应用业务的有效运行，主要内容包括：海洋设施运维保障，提供对计算设施、感知设施、通信设施等海洋物联网基础设施平台的运行维护等；海洋数据运维管控，提供数据更新与备份、存储管理等；信息服务保障，提供业务应用中的应用软件等集成与升级改进等；海洋物联网云计算平台与大数据平台健康管理，提供运行监控、状态监控和故障修复等。

针对海洋物联网运维保障需求，海洋物联网运维保障体系构建海洋物联网一体化运维管控系统，提供海洋物联网设备管控、故障管理、运行态势监控、调度管理等。

（1）设备管控

对海洋物联网业务应用系统中各设备进行远程管理控制，如设备开关机、参数调整等；对设备工作状态进行监控，支持设备健康管理，提高传感器无故障运行时间；进行全网拓扑管理，能够对网络拓扑、节点连接关系及链路状态等进行显示，实时监视系统内设备和网络拓扑结构变化。

（2）故障管理

对海洋物联网业务应用系统中通信链路、感知装备存在的故障，及时发现并告警，提供故障处置方案，并流程化组织故障处置工作，提高设备运维的针对性和准确性。

（3）运行态势监控

对海洋物联网业务应用系统中所集成的装备，以运行态势图的形式进行直观展现，提升系统总体掌控能力，提供设备统计分析图，展现故障率、在线设备数量等。对各设备厂家运维系统进行标准化集成，构建一体化运维管理系统，加强全面管理、统一监视和快速处置能力。

（4）调度管理

主要包括任务规划和传感器调度两个部分。任务规划完成传感器调度方案的生成、保存和下发；传感器调度根据工作计划和调度任务接收、保存、执行观测任务表，并评估任务执行效率。基于不同季节关注重点制定的观测任务，根据现场观测情况动态生成典型需求下的海洋观测任务，特别是针对典型生态与气象灾害，生成可用于满足最大化监控兴趣目标的观测任务，从而对传感器进行调度。

## ▶ 2.6　海洋物联网基础设施与技术体系　◀

海洋物联网基础设施与技术体系的作用是针对涉海政务管理、科学研究、海洋开发、海洋安全等海洋物联网的众多应用领域，面向海洋感知网络、通信网络、信息服务网络等基础设施发展高端装备，提升海洋观测、水下通信导航、海洋活动等关键领域的技术能力。

（1）海洋多源感知技术

随着各类新型技术和设备的不断更新应用，海洋感知体系已发展成为包括空/天遥感、海基调查船/浮标阵列/水下潜航器、岸基观测站等在内的全球化多尺度、多学科、多要素的综合性立体化海洋数据感知与探测网络，海洋感知与探测技术向着自动、长期、实时观测和高分辨率方向发展，形成从空间、沿岸、海面、水下到海床的立体多学科观测。

（2）海洋物联网跨域通信融合技术

海洋物联网跨域通信融合技术以电信网络、卫星通信网络、海面组网通信、水下通信网络等为基础，借鉴物联网信息通信标准，推动海洋物联网通信组网协议标准化。海洋物联网中的信息节点种类繁多，通信协议各异，缺乏统一的接入标准和节点组网协议。建立标准化、强兼容性的接入和组网协议，可以实现海洋信息节点的互联互通，提供海洋物联网岸/海信息、海面/水下信息的跨域传输和交互，保障海洋物联网通信的可达性、安全性、可靠性、时效性。

（3）海洋物联网信息化智能化服务技术

海洋物联网通过云计算、大数据、数字孪生、人工智能、区块链等新型信息技术融合应用，提升海洋物联网信息化智能化服务能力，推动海洋业务应用从信息化向智能化转型升级。基于云计算技术构建海洋大数据平台，提供多源异构海洋时空数据的融合、存储、管理、分析与交换等；应用数字孪生、人工智能等技术开展虚实互动与预测分析，提供海洋物联网岸海孪生服务；发展海洋物联网智能终端与边缘计算，增强海洋信息节点数据处理能力，将更多的任务在边缘侧进行处理，从而降低海洋数据的传输负载，提高海洋物联网的运行效能；应用区块链技术解决海洋物联网在开放互联环境下跨部门数据安全共享的难点，综合平衡实时性和安全性，实现近实时数据安全共享，满足海洋物联网业务应用的特定需要。

# 3

## 海洋物联网
## 云服务体系

智能化海洋物联网
云服务体系及应用

海洋物联网是由海洋通信网与海洋感知网有机融合构成的一种泛在智慧互联的海洋信息服务网络。随着云计算技术在海洋信息服务领域的广泛应用，基于云计算技术的海洋物联网云服务体系保证了海洋物联网硬件资源、软件资源与数据资源的按需获取和弹性使用，并通过资源服务化，为涉海用户和海洋业务提供按需接入的应用服务[8]。

## 3.1 云计算概念

美国国家标准与技术研究院（National Institute of Standards and Technology，NIST）在2011年9月发布了"云计算"的修订版定义：云计算是一种模型，可以实现随时随地、便捷地、按需地从可配置计算资源池（如网络、服务器、存储、应用程序及服务等）中获取所需的资源，资源可以快速供给和释放，使管理的工作量和服务提供者的介入降低至最少。

根据上述定义，云计算具有如下特征：资源池化（resource pooling）、按需自服务（on-demand self-service）、泛网络接入（broad network access）、快速弹性（rapid elasticity）及可度量的服务（measured service）等。从逻辑上可以表述为：云计算利用"IT资源池化"特征，通过互联网带来的"泛网络接入"及"可度量的服务"方式，向用户提供"按需自服

务"式的"快速弹性"服务[24]。

云计算涵盖服务和平台两个方面,二者既可以相互独立,又可以紧密结合,如图3-1所示。支撑云服务的底层技术平台既可以是采用云架构的云计算平台,也可以是采用传统底层架构的非云计算平台。但是,基于云计算平台强大能力支撑的云计算服务,能够驱使云计算能力和优势得到充分发挥,并形成高效的服务能力。本书重点介绍以云计算平台为支撑的云服务。

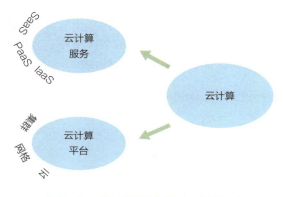

图3-1　云计算服务与云计算平台[25]

## 3.2　云计算服务模式

云计算服务使云计算资源以"一切即服务"（everything as a service）的方式封装各类IT资源,充分实现云资源共享和用户的按需调用。云计算服务以服务的形式对计算资源、存储资源、数据资源,支撑平台及应用软件资源等进行封装,帮助用户通过服务接口进行各类资源的调用,屏蔽了资源分布异构对资源共享的影响。云计算服务面向用户需求,通过不同的IT资源组合提供按需服务,通常的三种基本服务包括:基础设施即服务

（IaaS）、平台即服务（PaaS）和软件即服务（SaaS）。

（1）基础设施即服务

基础设施即服务是指将IT基础设施能力（如服务器、计算、存储、安全等）通过网络提供给用户使用，并根据用户对资源的实际使用量进行计费的一种服务。IaaS服务通过对服务器、存储、网络等基础设施形成抽象资源池，使用多租户技术以服务的方式提供给用户，用户根据业务系统的需求选择适合配置的资源、所需的数量，定义资源的使用逻辑，从而实现整体的系统架构。用户通过IaaS服务，以虚拟机的形式灵活使用底层软硬件资源，且无须对资源进行管理和维护。

（2）平台即服务

平台即服务是指将一个完整的计算机平台，包括应用设计、应用开发、应用测试和应用托管，都作为一种服务提供给用户。用户不需要购买硬件和软件，只需要调用PaaS服务，就能够创建、测试、部署和运行应用和服务。PaaS对开发人员屏蔽了底层硬件和操作系统的细节，开发人员只需关注自己的业务逻辑，不用过多地关注底层资源，可以方便地使用构建应用系统所必需的服务组件。PaaS服务将软件开发平台作为服务供用户调用，通过使用PaaS服务，企业或个人用户可快速开发出所需的应用和产品，加快了云服务应用开发的周期和效率。

（3）软件即服务

软件即服务是一种全新的软件使用模式，软件开发商将应用软件部署在自己的服务器或云服务市场上，基于互联网向用户提供按需调用的应用软件服务。用户按照订购的SaaS服务内容、规模和使用时间支付费用，服务提供商负责软件的升级和维护。SaaS应用软件的费用通常包括软件许可证费、软件维护费以及技术支持费等。面向企业对企业（B2B）电子商务的SaaS可分为两类：一类为垂直SaaS，是为满足垂直行业需求的SaaS，如电商、教育、金融行业等；另一类为通用SaaS，是为满足领域业务功能需求的SaaS，如云储存、企业资源计划、商业智能等。

云计算服务保证了资源的层次性，给用户使用云服务时提供了多种可能，如图3-2所示。用户既可以直接调用较高层次的云服务，也可以通过调用封装在较低层次的服务资源，构建定制云服务。例如，用户既可以直接从SaaS服务提供商处调用现成的SaaS云服务，也可以使用PaaS平台进行应用开发，或使用PaaS服务，自主实现SaaS云服务。

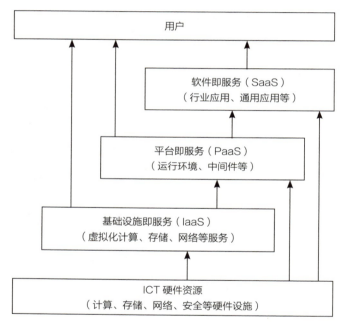

图3-2　云计算服务模式示意图

云计算技术与新型互联网、大数据、信息通信、人工智能等技术的融合应用推动了云计算服务的泛在化，针对用户需求实现了更广泛的IT资源组合。云计算服务演进形成了多种服务，包括数据即服务、通信即服务、测试即服务（Testing as a Service，TaaS）等泛在化的云服务模式[26]。

# 3.3 海洋物联网云服务架构

鉴于云计算技术在物联网领域被广泛使用，本书将云服务理念应用于海洋物联网中，面向涉海用户需求和海洋业务需求，基于IaaS、PaaS、SaaS三类基础云计算服务，拓展海洋物联网相关基础设施的资源共享和云服务模式。其中，在资源共享内容中将海洋物联网感知设施、通信设施与云计算设施等ICT资源统筹运用，提供泛在的海洋物联网基础设施即服务。在云服务模式内容中根据海洋物联网应用需求，提供更为丰富的海洋信息化服务，包括海洋物联网跨域通信管理即服务、海洋物联网应用支撑平台即服务、海洋物联网岸海孪生数据即服务、基于区块链技术的海洋物联网信息安全即服务、海洋物联网应用软件服务等多种云服务模式，构建海洋物联网云服务体系。

海洋物联网云服务架构参考模型如图3-3所示，其云服务架构中的各层资源独立向海洋用户或海洋业务提供服务，彼此之间不存在依赖关系。根据海洋业务应用需求，提取相应的服务进行灵活配置和动态部署，同时各种服务模式可弹性扩展或剪裁，适应多类用户和多种业务的海洋物联网应用。

海洋物联网云服务体系是一个宏大的技术应用领域，本书仅提供一种海洋物联网云服务架构参考模型，海洋物联网云服务体系提供包括但不限于本书所述的多种类服务。每一类服务的具体内容会在本书的后续章节中详细阐述。

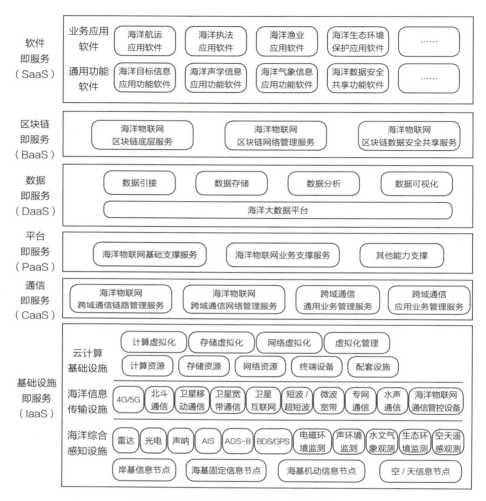

图3-3 海洋物联网云服务架构参考模型

（1）海洋物联网基础设施即服务

海洋物联网基础设施即服务简称基础设施即服务，在海洋物联网业务应用中，通过海洋综合感知设施、信息传输设施与云计算设施的资源共享，形成泛在的海洋物联网基础设施即服务。基于感知设施，为各类海洋业务提供岸基、海面、水下、空中、天基等多维感知服务；基于信息传输设施，为各类海洋装备和海洋用户提供泛在随行的通信保障；基于云计算设施，为海洋物联网业务用户提供计算资源、存储资源与网络资源的共享服务。

（2）海洋物联网跨域通信管理即服务

海洋物联网跨域通信管理即服务简称通信即服务，在海洋物联网业务应用中，基于海洋物联网跨域通信管控设备，提供岸基至海基、海面至水下的多体制融合通信服务，包括海洋物联网跨域通信链路管理服务、通信网络管理服务、通用业务管理服务与应用业务管理服务等。

（3）海洋物联网应用支撑平台即服务

海洋物联网应用支撑平台即服务简称平台即服务，在海洋物联网业务应用中，为开发人员提供构建海洋业务应用程序的开发测试环境、部署工具、运行平台等，提供基础支撑服务与业务支撑服务。其中，基础支撑服务包括容器管理、缓存等，业务支撑服务包括信息集成中间件、三维GIS引擎等。

（4）海洋物联网岸海孪生数据即服务

海洋物联网岸海孪生数据即服务简称数据即服务，在海洋物联网业务应用中，基于海洋大数据平台，提供各类涉海数据的引接、处理、分析与可视化等服务，按需为海洋航运、海洋执法、海洋渔业、海洋生态环境保护、海洋防灾减灾等各类海洋业务应用提供数据服务。

（5）基于区块链技术的海洋信息安全即服务

基于区域链技术的海洋信息安全即服务简称区块链即服务，在海洋物联网业务应用中，提供海洋物联网区块链底层服务、区块链网络管理服务、区块链数据安全共享服务等，为海洋环境质量监测数据溯源、跨部门海洋数据安全共享等业务应用提供信息安全服务。

（6）海洋物联网应用软件即服务

海洋物联网应用软件即服务简称软件即服务，在海洋物联网业务应用中，按需为海洋经济、海洋安全、海洋科学等领域的各类海洋用户提

供通用功能软件与业务应用软件等。

# 3.4　海洋物联网云服务软件体系

　　海洋物联网云服务软件体系采用面向服务的体系结构（Service-Oriented Architecture, SOA）。SOA是云计算各类资源能够泛网络接入、按需使用的技术基础，作为服务计算领域内的一个可伸缩、松耦合的服务发布和消费平台，让应用开发者通过动态的集成或组合已有的服务至新的云服务中，降低应用开发的难度，从而提高资源的利用率，降低维护成本。

　　在面向服务的体系结构中，所有功能都经过服务定义，成为独立的服务对外发布。这些服务带有定义明确的可调用的接口，服务之间可通过接口相互调用，并且能够根据海洋物联网业务流程进行组织，对业务应用提供单一或综合服务。同时由于面向服务的体系结构针对不同功能单元进行拆分，天然具备了可动态扩展或动态裁剪的能力，以适配不同应用场景。海洋物联网软件体系架构如图3-4所示，包括基础层、平台层、服务层、应用层和表现层五个层级。

　　（1）基础层软件

　　基础层软件由云计算平台厂商提供，提供计算、存储、网络等云计算平台资源虚拟化以及虚拟化管理等功能，为上层应用提供支撑。云计算机平台主要由云服务器和云操作系统构成，云操作系统是运行在云服务器上的虚拟化操作系统，它将云服务器的计算、存储、网络等资源虚拟化，为海洋物理联网应用提供基础的、统一管理的、独立的计算存储单元。云计算平台功能结构如图3-5所示。

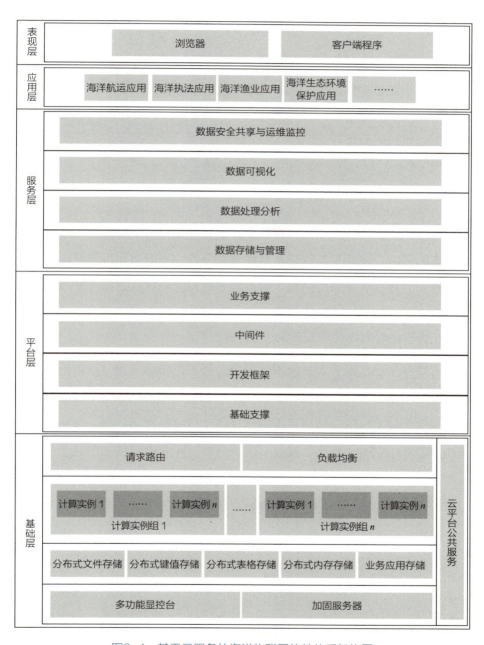

图3-4　基于云服务的海洋物联网软件体系架构图

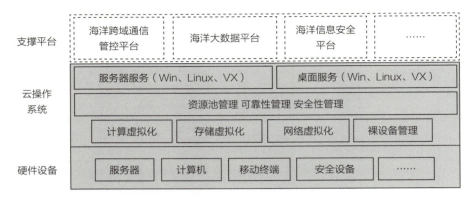

图3-5　云计算平台功能结构图

云计算平台还具备数据加密存储、系统安全隔离的功能，它在实现信息共享的同时，还能控制数据私密性与安全性。资源池化后能够任意地扩容设备，并根据业务系统的需求进行动态的分配资源。这样一来，在故障发生时，任务就能够被迅速迁移到其他主机上，保障了数据的高可靠性和应用的高可用性。

云计算平台在部署上可分为数据中心和用户终端两部分。数据中心云操作系统用于物理资源的统一管理，形成安全可靠的资源池。其采用的服务器虚拟化技术，可以将服务器隔离成多个独立的单元。每个单元都有中央处理器（CPU）、内存、磁盘、网络资源，在其中可以安装完整的各类操作系统，如Windows、Linux、实时操作系统等。操作系统可提供服务器虚拟化和桌面虚拟化功能，两种虚拟化功能可分开部署，也可联合部署。用户终端支持多种终端，如个人计算机（PC）和瘦客户机等。

（2）平台层软件

在基于云服务的海洋物联网软件体系架构中，平台层软件为用户提供一整套开发和运行应用软件，包括基础支撑服务、开发框架、中间件、业务支撑服务等。其中，基础支撑服务包括容器管理、数据库等；开发框架包括分布式系统开发框架、分布式并行计算框架等；中间件服务包括用户界面集成框架、信息集成中间件、消息队列等；业务支撑服务包括三维GIS引擎、大数据平台与智能分析引擎等。

（3）服务层软件

服务层软件是海洋物联网应用系统业务处理的核心，其集成了各类海洋数据储存与管理、数据分析挖掘、数据可视化，以及海洋物联网数据安全共享、运行状态监控等保障数据安全的能力。鉴于其功能的全面性、算法的复杂性、涉及业务的广泛性、涉及数据的多样性和时效性，而各服务间又有其独立性，结合业务需求本身具有弹性伸缩的特点，服务层的设计采用微服务的架构。其本身是轻量级的服务，每个服务实例只提供一种或者密切相关的几种服务，粒度小、轻量级，便于快速开发、部署、测试和升级。微服务之间的调用仅限于接口层的耦合，服务之间依赖性低，具备松耦合的特点；微服务被设计为小粒度的逻辑单元，完整的业务流程可通过合理编排微服务完成，复用性强，具备积木式的特点；在负载均衡的支持下，无状态的微服务可通过增加实例的方式提升整体的吞吐量，具备平滑扩容能力。服务层微服务架构原理如图3-6所示。

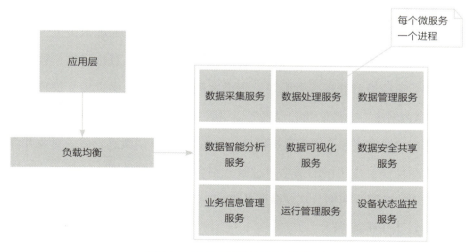

图3-6　服务层微服务架构原理图

服务层微服务架构如图3-7所示，整个微服务集群由应用层、服务注册表以及多个节点进程组成。构建于平台层的分布式系统开发框架上的微服务（如数据采集服务、数据智能分析服务、设备管理服务等）可以由一个可扩展标记语言（XML）文件描述，通过命令行工具可以完成微服务的部署、升级、服务启动、服务停止等管理功能。

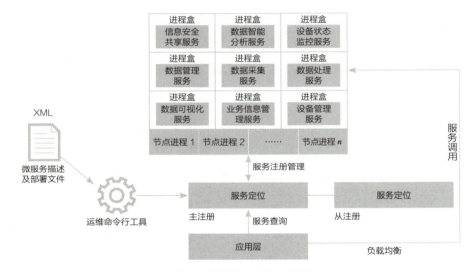

图3-7　服务层微服务架构图

节点进程运行在集群中的每个由基础层虚拟化出来的虚拟机上，负责启停和监控本机上的所有进程盒，进程盒中装载的就是数据采集、数据智能分析、通信设备管理等微服务，每个进程盒都是单独的进程。进程盒提供启动API创建一个具体的远程进程调用服务对象，将它绑定到网络通信组件上并开始提供服务；进程盒提供停止API、停止和销毁远程服务对象并释放资源的功能。应用层的请求通过服务别名机制将请求按忙闲状态分发给当前可用的微服务实例，实现微服务架构中的负载均衡机制。

（4）应用层软件

应用层面向海洋物联网业务应用，在基础层、平台层、服务层的支撑下，利用经融合处理与挖掘分析形成的海洋目标、海洋环境等信息与相应的功能软件，为海洋航运、海洋执法、海洋渔业、海洋生态环境保护等各类应用提供软件集成应用服务。例如，海洋航运管理应用软件根据用户和业务需求，提供船舶航行状态监控、航道目标综合态势监控、海洋气象水文信息服务和辅助决策支持等功能集成服务。海洋执法管理应用软件提供海上动态监视、船舶预警、执法行动规划等功能集成服务。

（5）表现层软件

表现层承载了系统界面程式代码，分为浏览器和客户端两类，提供了操作员与系统之间交互的接口。海洋物联网应用系统在应用层与表现层间，采用客户机/服务器（C/S）与浏览器/服务器（B/S）相结合的架构模式，客户端为通用Web浏览器或者客户端软件，使用各类开源远程过程调用的方法实现信息的交互，在实现上统一了应用层对表现层的接口形式，从而在功能上满足特定的业务需求。

# 4

## 海洋物联网
## 基础设施即服务

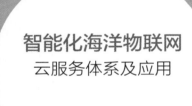

智能化海洋物联网
云服务体系及应用

海洋物联网基础设施由天基、空中、海面、水下、岸基等多维海洋空间信息节点及其搭载的感知、通信、计算等设施通过系统和信息的综合集成而构成。其中，天基遥感卫星提供海洋环境、水文气象、目标态势等广域海洋信息感知，通信卫星建立岸海通信链路，导航卫星为海洋活动提供导航定位服务。空基感传以无人机和通航飞机为载体，提供灵活机动的地对海感知与应急中继通信。海面以岛礁、浮岛、浮台、浮标、钻井平台以及船舶、无人艇等海上活动主体为载体，搭载目标探测与环境监测等感知设施，利用卫星通信、海面组网通信、水声通信等通信设施，提供海面对空中、海面与水下立体感知和跨域通信。水下感传以水下无人航行器和海底基为载体，通过声与非声协同感传，提供水下目标监视、水下活动通信导航定位等服务。

海洋物联网信息节点在空间上由岸基信息节点、海基固定/机动信息节点、空/天基信息节点构成，是海洋综合感知设施、信息通信设施和云计算设施的承载。

天基信息节点提供卫星通信、导航与遥感等服务，是海洋物联网的重要组成。其中，遥感卫星提供海洋环境、水文气象、目标态势等广域海洋信息感知服务，通信卫星建立岸海通信链路，导航卫星为海洋活动提供导航定位服务。

空基信息节点以无人机和通航飞机等空中平台为载体，提供灵活机动的地对海感知监视以及海洋应急中继通信等服务。

海基信息节点包括岛礁、钻井平台、浮台、浮标、潜标等固定信息节点，以及商货船、测量船、渔船、无人艇、无人潜器等机动信息节点，提供海面物联、水下物联和海底物联服务。其中海面物联利用目标探测与环境监测等感知设施，以及卫星通信、海面组网通信、水声通信等通信设施，提供海面对空中、海面与水下立体感知和跨域通信的功能。水下物联和海底物联利用水下无人航行器、海底基、接驳盒等载体，通过声与非声协同感传，提供水下目标监视、水下活动通信导航定位等服务。

海洋物联网岸基信息节点以岸基云计算中心和岸基海洋业务应用中心为枢纽，提供岸基对海观测、岸基互联网与公网通信，以及岸海跨域通信的互联等服务。

# 4.1　海洋综合感知设施

海洋信息复杂而多样，需构建由岸基、海面、水下、空中、天基等多维感知平台及其搭载的多类别传感器组成的海洋综合感知体系，通过多种感知平台的协同与多种传感器的综合运用，实现空海目标态势实时监视、海洋环境多要素获取等多种海洋业务需求。

海洋综合感知是研究海洋、开发海洋、利用海洋的基础，是以观测海洋现象、探测海洋目标为主要目的，利用声、光、电、磁等传感器及其平台，对海洋环境的物理、化学、生物等参数进行感知和分析的一系列技术的统称。海洋综合感知作为海洋科学和技术的重要组成部分，在维护海洋权益、开发海洋资源、预警海洋灾害、保护海洋环境、加强国防建设、谋求新的发展空间等方面起着十分重要的作用，也是一个国家综合国力的重要标志。

早在20世纪80年代中期，海洋发达国家就相继出台海洋科技与开发战略，进入21世纪后，国际政治、经济、军事围绕着海洋活动发生了深刻的变化，在新的海洋战略及军事需求牵引下，各国相继调整战略，进一步加大了对海洋观测领域的投入。目前全球海洋观测探测计划主要包括：热带海洋和全球大气计划（TOGA）、世界大洋环流实验（WOCE）计划、全球海洋观测网（ARGO）计划、西北太平洋海洋环流与气候实验（NPOCE）计划、全球海洋观测系统计划、国际深海大洋钻探计划（IODP）等。全球海洋观测探测网络，主要包括：美国海洋观测网（OOI）、加拿大海底观测网（ONC）、欧洲海底观测网（EMOS）、日本海底观测网（DONET和S-net）、中国国家海底科学观测网等[19]。全球海洋观测探测网络呈现区域与全球相结合，持久性业务化观测系统与科学观测试验计划相结合，科学考察船、沿岸台站、浮标、潜标、海床基、海底有缆网络、遥感卫星和通信网络等多种观测通信技术手段相结合的特点。通过统一、通用的数据标准整合各种观测手段进行协同工作，形成覆盖近岸、区域、全球海域的空天海地一体化观测探测网络。目前，建立多学科、分布式、网络化、互动式、综合性的智能立体观测网成为发展趋势。

## 🌐 4.1.1　海洋感知对象

根据海洋物联网应用服务需求，海洋感知对象重点关注海洋环境要素、海洋活动信息以及海洋资源信息等方面[27]。

### 4.1.1.1　海洋环境信息

海洋环境信息由海洋物理、化学、生物，以及海底地质、地形、地貌

等多方面要素构成，其中海洋物理、海洋化学要素与海洋水文、气象、生态等紧密相关，以下详细介绍。

（1）海洋环境物理要素

海洋环境物理要素包括海洋中的声、光、温度、密度、动力等现象，主要物理要素包括海水的温盐场、海流场、潮汐、海浪、透明度等。

温盐场包括海水温度、盐度和压力，是研究海水物理过程和化学过程的基本参数。对温盐场的观测，用的是电子式温盐深测量仪，船只走航测温常用投弃式深温计，空中遥感观测海水温度则用红外辐射温度计。

海流场是海水在大范围内相对稳定的流动，既有水平又有垂直的三维流动，是海水运动的普遍形式之一。海流观测相当困难，或用仪器定点测流，或用漂流物跟踪观测。定点测流是海洋观测中常用的办法，所用仪器有转子式海流计、电磁式海流计、声学海流计等，其中最流行的是转子式仪器。

潮汐是发生在沿海地区的一种自然现象，是指海水在天体（主要是月球和太阳）引潮力作用下所产生的周期性运动。习惯上把海面垂直方向涨落称为潮汐，而海水在水平方向的流动称为潮流。岸边潮汐观测使用浮子式验潮仪，外海测潮采用压力式自容仪，大洋潮波的观测依靠卫星上的雷达测高仪。

海浪是指海洋中由风产生的波浪，主要包括风浪、涌浪和海洋近海波。海浪观测仪器的品种比较繁杂，有各种形式的测波杆、压力式测波仪、光学原理的测波仪、超声波式测波仪，近年用得较多的是加速度计式测波仪。

透明度是海水能见度的一种量度，其影响因素有海水的颜色、水中的悬浮物质、浮游生物、海水的涡动、进入海水中的径流，以及天空中的云量等。观测仪器有透明度计、照度计等，用以观测海水对光线的吸收和海洋自然光场的强度。

（2）海洋环境化学要素

海洋环境中最为主要的化学要素包括海水溶解氧和pH两个参数。

海水溶解氧是溶解在海水中的氧，是海洋生命活动不可缺少的物质。它主要来源于大气的溶解和海洋中藻类及浮游植物光合作用。海水中溶解氧含量与海水的温度、盐度有密切关系。水温、盐度升高，溶解氧含量下降；水温、盐度下降，溶解氧含量上升。海水中溶解氧含量具有周日变化和周年变化的特点。

海水pH是海水酸碱度的一种标志。海水由于弱酸性阴离子的水解作用而呈弱碱性。

海洋化学要素观测可采用船用多要素自动测定仪器。船用化学分析仪器的工作原理大致分两类：一类用传感器（主要为电极）直接测定化学参数；一类通过样品显色进行光电比色测定。目前，海水中的各种营养盐靠比色仪器测定，pH、溶解氧、氧化–还原电位等利用电极式仪器测定。

（3）海洋环境生物要素

海洋生物种类繁多，包括海洋动物、海洋植物、微生物及病毒等，其中海洋动物包括无脊椎动物和脊椎动物。保持海洋生物的多样性是地球生态系统正常运转、人类活动正常运行的基础。

对于海水中的微生物，需采样后进行研究，采样工具主要有复背式采水器和无菌采水袋等。浮游生物采样器主要有浮游生物网和浮游生物连续采集器等。底栖生物采样使用海底拖网、采泥器和取样管等。游泳生物采样依靠渔网，观察鱼群使用声学鱼探仪等工具仪器。

### 4.1.1.2　海洋活动信息

海洋中的人类活动，称为海洋活动信息，主要包括商业活动、科研活

动、军事活动等。获取和掌握各类海洋活动信息，是保障海洋安全、维护海洋权益、海上应急救援的基础。

（1）海洋商业活动

海洋商业活动主要包括渔业活动和航运活动。

渔业活动包括海洋捕捞和海水养殖等，海洋渔业因离海岸的远近不同，可分为近海、外海、远洋渔业，近年来各种类型海洋牧场的建设推动了渔业活动的发展。大、中、小型功能各异的渔业船只，是海洋渔业活动的集中行为体现。

2022年由我国完全自主设计、研发、建造的世界首艘10万吨级智慧渔业大型养殖工船"国信1号"，在中国船舶集团青岛北海造船有限公司交付运营。养殖工船是我国捕捞型渔业与养殖型渔业的有机结合，成为移动的"海洋牧场"。从鱼苗入舱、投喂养殖到起捕、加工、运输，一座渔业养殖加工厂在一艘船上构建起来，这将养殖区域从近岸推向深远海，从传统经营模式转向大规模现代化工业生产。

海洋航运活动是海洋经济发展的重要支柱。15世纪以来航运业的蓬勃发展极大地改变了人类社会与自然景观。克拉克森数据报告显示，截至2021年2月1日，全球商船船队中100吉吨（1吉吨＝$10^9$吨）以上各类型船舶数量超过10万艘。

随着信息化、智能化技术不断发展，智能船舶、智慧航运产业也在快速壮大。"大智"轮是基于"绿色海豚"（Green Dolphin）型38800吨散货船的智能升级船型，由中船黄埔文冲船舶有限公司、上海船舶研究设计院、中国船舶集团系统工程研究院、沪东重机股份有限公司等单位共同参与研制。该船安装了我国自主研发的全球首个能够自主学习的船舶智能运行与维护系统，能利用传感器、物联网、机器学习等技术手段，通过光纤网为智能系统高速传送数据，实现全船各系统及设备的信息融合及共享。

（2）海洋科研活动

海洋科学考察船作为海洋科研活动的重要平台，是海洋能力建设的关键组成部分。随着我国综合国力不断提升，我国科考船的设计建造也已从跟随走到了引领世界的黄金期，新建、在建数量均居世界首位。这也使得我国海上资源开发、发展海洋经济及保护海洋生态环境的能力进一步加强。

我国海洋科学考察事业至今已走过60多年。"东方红""向阳红""远望""海洋""科学""实验"等系列科考船相继问世，为我国海洋科学考察研究提供了强有力的保障，极大地提高了我国海洋事业的国际地位。我国新型深远海综合科学考察实习船"东方红3"船是我国自主创新研发和自主建造的新一代科学考察实习船，是国内首艘、世界第4艘获得船舶水下辐射噪声最高等级–静音科考级（Silent-R）证书的科考船，是世界上获得这一等级证书的排水量最大的海洋综合科考船。"科学号"系列海洋科考船是我国国内综合性能最先进的科考船，具备水体探测、大气探测、海底探测、深海极端环境探测以及遥感信息现场印证等长周期、立体交叉、综合同步探测的能力。

（3）海洋军事活动

海洋空间是各国竞相争夺的新领地，世界各国正不断发展各类海洋军事装备。包括传统的海面舰船、潜艇，以及新型的海面无人艇、水下无人潜航器、水下机器人等，均已成为海洋军事活动的主体。

针对海洋商业活动、科研活动与军事活动等目标信息，利用岸基、海面、水下、空中、天基等多维海洋信息节点及其搭载的雷达探测、光电探测、电磁监测、声学探测、AIS与广播式自动相关监视（Automatic Dependent Surveillance-Broadcast，ADS-B）等手段，获取海洋空间空中、海面及水下等多域信息，形成空海目标态势，可用于海空民航交通管理、海洋航运管理、海上应急救援、海上安全管控等领域。

海洋物联网模式下的空、天、岸、海、水下多维协同感知，可实现空海目标的广域监视、识别与管控。例如空天遥感形成大范围海域遥感成像监视，海基雷达可对空海机动目标以及海上溢油等进行高精度探测识别，AIS与ADS-B能够对空中民用飞机和海面民用船舶进行跟踪识别等；水下声与非声多物理场联合探测能有效提高水下目标探测效率等。

### 4.1.1.3 海洋资源信息

海底蕴含了丰富的石油、天然气、可燃冰等资源，随着海洋经济发展，海上资源感知需求日益增加。海上资源勘探可利用物探船作业，例如物探系统用人工的方法产生地震波，研究地震波在地层中的传播过程和规律，再利用仪器记录下地震波被地层反射回地面上的反射波信号，根据仪器记录下来的资料信息，推断出地下地质情况，判断海底是否有油气资源等。

## 🌐 4.1.2 天基感知

随着航天技术的快速发展，国际在轨运行的遥感卫星数量越来越多，卫星安装的有效载荷传感器类型也越来越多。美国和欧洲等海洋大国高度重视全球范围的海洋综合观测，相继建设多类型卫星观测平台相结合的全球性立体多维空间观测体系。卫星遥感技术的发展趋势整体上体现为卫星系统由单一系列向星座组网发展；卫星传感器由中高分辨率向高分辨率延伸，由单角度观测向多角度和立体测量跨越，由空间维向光谱维拓宽。

目前已发射的海洋卫星主要包括以可见光探测为主载荷的海洋水色卫星，如我国的HY-1A、1B水色卫星，美国的SeaWiFS、EOS/MODIS等；以海上动力参数探测为主载荷的海洋动力卫星系列，如Jason、HY-2系列；以海洋目标监视为主要目的的SAR载荷卫星，如我国的GF-3，加拿大的Radarsat，意大利的COSMO等；以及盐度卫星、静止轨道水色卫星等一些新型载荷的卫星。

海洋卫星遥感根据海洋业务应用可分为海洋环境卫星遥感和海洋目标监视。其中，海洋环境卫星遥感仪器主要有雷达散射计、雷达高度计、合成孔径雷达、微波辐射计，以及可见光/红外辐射计海洋水色扫描仪等[28]，可监测海面温度、海面动力高度、海面风场、海浪、海流、海洋水色、赤潮等海洋环境要素反演，海底地形、海岸带反演和海洋锋、中尺度涡等海洋中尺度现象特征参数反演等；海洋目标监视提供海面溢油、海面船只、台风监测等应用。海洋卫星遥感应用组成如图4-1所示。

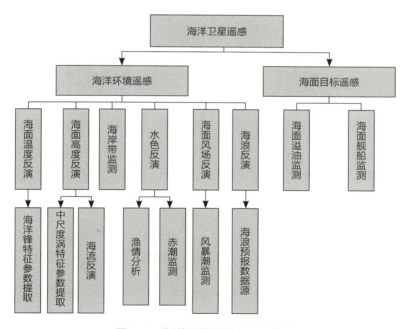

图4-1 海洋卫星遥感应用示意图

近年来基于全球卫星导航系统反射（Global Navigation Satellite System-

Reflection，GNSS-R）的海洋遥感应用快速发展，经地表反射的卫星导航信号在传统的定位和授时服务中被认为是一种多径误差源，可被作为一种新型的遥感信号源使用，由此产生了GNSS-R技术[29]。GNSS-R技术可用于海面测高、海面测风、海水盐度测量、海冰探测等，典型应用包括英国UK-DMC灾难探测卫星、美国CYGNSS飓风全球导航卫星系统、日本WNISAT-1R海冰观测卫星，以及欧盟PARIS-IOD海洋表面遥感卫星等。

### 🌐 4.1.3 空基感知

空基感知利用航空平台机动性高、灵活性强、探测范围大等优势，实现对海洋环境和目标活动的精细化探测和信息实时传输。航空遥感主要采用飞机、气球、无人机等飞行器搭载激光测深仪、红外辐射计、侧视雷达、水文气象仪等传感器进行海洋环境探测，具有分辨率高、不受轨道限制等特点，可用于溢油和赤潮等突发事件的应急监测、资源监测等。海洋目标监视通过在固定翼飞机、直升机、无人机等航空平台上搭载雷达、光电等探测设备和通信中继等设备，实现对中低空目标、海面目标的快速探测，为海上维权执法、渔业监管等提供精确、实时的海空信息。

目前无人机广泛应用于航空遥感观测，具有续航时间长、机动灵活、高危区域探测、信息实时传输等优点。无人机航空遥感可采用中低空、高空、邻近空间等多种类型长航时无人机，按需挂载高清光电、成像多模雷达、海面风场激光雷达、波浪计等海洋应用载荷，形成海洋环境广域感知能力。例如，无人机载海洋SAR具备高空间分辨率的全天时全天候对海成像监视能力，微波海洋波浪计具备高时间分辨率的海上区域二维波浪谱监测能力，激光雷达具备对海面风场和三维地形测绘能力等。

## 4.1.4 海基感知

海基观测以船舶、浮标、无人设备，以及海底观测设施等为观测平台，按需搭载多种类型传感器，获取丰富的海洋观测数据。

### 4.1.4.1 船舶感知

海洋观测船包括海洋测量船、海洋科考船和海洋物探船等多种类型，具有良好的机动性和大范围持续信息收集等优势，是获取广域海洋环境与海洋目标信息的重要载体。

海洋测量船按需搭载船载姿态仪、声学多普勒海流剖面仪、走航式温盐深剖面仪、船舶气象仪、海洋重力仪、海洋磁力仪、多参数水质分析仪、信息综合处理设备等获取海洋环境相关信息。目前，远洋渔船或货运船可作为志愿船，加装气象观测仪器设备，进行大范围的气象实时数据，包括风速、风向、气压、气温、大气湿度、海水表层温度和海流等的获取，为海洋气象预报、海洋物理模型计算、海洋防灾减灾提供实时的气象数据。

海洋科学考察船通常配备先进的海洋仪器以及卫星通信、导航系统，用于物理海洋学、海洋地质学、海洋生态与环境科学和海洋化学等综合考察与实验。

海洋物探船搭载物探系统，对海底蕴藏的石油、天然气、可燃冰等资源进行勘探。物探系统用人工的方法产生地震波，利用仪器记录地震波被海底地层反射回的反射波信号，计算推断出海底地质情况，判断海底是否有油气资源。

### 4.1.4.2 浮标感知

浮标具有灵活布放、长时间持续工作、海洋环境多要素感知、数据实

时传输等特点，是海洋监测的重要手段。浮标设备组成一般包括浮标体、多功能传感器、数据采集预处理系统、浮标运行控制系统、供电系统、通信系统等，与其他观测平台相比能够在恶劣环境下，全天候、自动、长期、持续地从多方面、水下不同剖面对海洋环境的多种要素，如海流、温度、盐度、环境噪声等进行综合同步监测和实时数据传输[30, 31]。

根据系泊方式不同，浮标可分为锚系浮标和漂流浮标两大类。锚系浮标根据系泊方式的不同分为单锚系泊浮标和三锚系泊浮标。漂流浮标根据工作深度的不同分为表层漂流浮标和次表层漂流浮标；表层漂流浮标一般由水帆、浮球和连接缆绳组成，布放于海面及海面下固定深度。次表层漂流浮标的浮体位于水下1000～2000米，测量相应深度的海流参数，Argo浮标就是典型的次表层漂流浮标，我国研制布放了使用北斗卫星导航系统进行通信和定位的Argo浮标。

根据使用目的不同，浮标又可细分为多种功能性浮标，例如，水文气象浮标能够实时测量近海水域水文资料并通过无线传输的方式进行数据回传；水质浮标能够连续实时检测海洋环境要素的变化；导航浮标利用导航通信卫星系统提供观测数据实时传输和导航服务；波浪浮标用于监测近海波高、波向和表层水温等；海啸浮标由水下单元和同步锚泊在海面的浮标组成，用于记录海啸数据并进行海啸预警；海冰浮标可实时监测冬季结冰或寒区海域的海洋信息等。

### 4.1.4.3　无人平台综合感知

海洋环境的复杂性与危险性需要高度智能化的海洋环境观测载体。无人智能平台安全性高且搭载便捷，对于海洋资源调查、海洋生物及海洋环境变化监测、海底地形地貌勘测及深海开发等应用都有不可替代的作用。目前广泛使用的无人平台包括海面无人艇（USV）、水下无人航行器

（UUV）等机动观测平台。随着水下观测需求的增长，水下无人航行器技术快速发展并得到广泛应用。根据工作模式不同，水下无人航行器又分为遥控潜水器（ROV）和自治式潜水器（AUV）。遥控潜水器一般不自带能源，实时可操作性较好，装备摄像机、成像声呐等传感器进行水下观测。自治式潜水器具备自主导航与控制能力，灵活机动性强，能够同时搭载多种声呐系统、传感器及摄像系统，配合自主化导航设备，无论何种海况和地形，皆可进行完全自主化海洋环境资料采集以及海域地形地质测绘调查。水下滑翔机（AUG）也可作为一种不同类别的AUV，集水下机器人技术与浮标技术于一体，以净浮力为驱动力，具有低能耗、远航程、自主行动力强等特点，可以实现较大范围、超长时间、垂直剖面连续的水下任务。

无人平台通信网络技术与智能化技术发展，推动了无人平台集群化协同应用。例如，在海洋目标信息获取中，海面无人艇和水下无人航行器搭载雷达、声呐等多传感器进行协同探测，可收集海洋活动目标数据，并实现数据自动融合，提供实时海洋目标态势。在海洋地形地质测量中，由多海面无人艇和多水下无人航行器构成的无人集群可协同作业，其中海面无人艇可集成多波束测深仪进行高精度海底地形测量，水下无人航行器可集成侧扫声呐、图像声呐、浅地层剖面仪、水下相机及多参数水质分析仪等，进行地质地貌测量。

海面无人艇、水下无人航行器等机动观测平台与浮潜标、海床基等固定平台在功能、特点、载荷、适用范围等方面存在差异和互补性，使得采用异构平台的组网应用成为海洋感知领域的发展重点。2006年欧盟启动了名为"未知环境下异构无人系统的协调与控制"（Coordination and Control of Cooperating Heterogeneous Unmanned Systems in Uncertain Environments）的技术研究，研究目的在于初步实现真正意义上的分布式智能作业系统，使得多水下（海面）无人机动平台能够在真实的海洋环境中进行协调作业，

从而缩短多无人系统研究中理论到实践之间的差距。其主要内容包括异构无人系统集成指挥控制系统设计与开发，适用于异构水中无人系统的信息交互中间件设计，基于网络、无线网络、无线电、水声通信的信息交互体系结构设计，以及异构多无人系统在未知环境下的协调控制技术等。2009年11月，在葡萄牙塞辛布拉（Sesimbra）附近海域进行了多水下（海面）无人系统的协同作业海上试验，取得了较好的效果。2012年3月，由德国、法国、西班牙、葡萄牙、意大利相关研究机构共同承担的"自组织海洋机器人系统-逻辑连接的物理节点"（Marine Robotic Systems of Self-organizing, Logically Linked Physical Nodes）项目正式启动。该项目主要研究多海洋无人系统在海底地形起伏区域的自适应编队、高精度协同定位以及协同探测技术。重点解决复杂海底情况下的无人系统紧耦合作业问题，通过多无人系统的信息融合提高协同探测的精度。北约水下研究中心为该项目研究提供海面及水下通信系统支持，研究成果应用于港口警戒、反水雷和反潜作战[32, 33]。

#### 4.1.4.4 海底观测

随着海洋科学技术发展，海洋环境观测范围从海面延伸到海底，目前已建成的海底观测网有加拿大海底观测网（NEPTUNE）、美国海底观测网（MARS）、欧洲海底观测网（ESONET）和日本海底观测网（DONET）等。

2009年，美国和加拿大联合在东北太平洋实施了海王星海底观测网络计划（NEPTUNE），建立了世界上第一个深海海底大型观测系统，围绕深海前沿的科学目标，设计和布设了独特的组网结构实施观测。整个观测系统包括五大海底节点，每个节点周围可连有数个接驳盒，水下接驳盒则通过分支光电缆与观测仪器和传感器相连。整个系统有100多个仪器和传感器连接在这些水下接驳盒上，可持续观测水层、海底和地壳的各种物理、化学、生物、地质过程，形成区域性的、长期的、实时的交互式海洋观测平台，能够在几秒到几十年的不同时间尺度上进行多学科的测量和研究。NEPTUNE是一个开放系统，通过互联网向全世界提供采集的数据。从2017年开始运行以来，数百个水下传感器实时或者近实时地向陆地实验室传输观测数据和图像，保存在其专门设立的数据管理和保存系统中。

## 4.1.5 岸基感知

岸基感知设施部署在近岸和岛礁等观测平台，一般包括岸基海洋环境观测站和雷达观测站。海洋环境观测站通过在港湾、陆源入海口等观测平台布设水文气象观测和水质在线监测台站等形成近海水文气象与生态环境观监测能力；雷达观测站通过布设雷达对近海目标、海浪、海流等进行综合探测。

海洋环境观测站通过多种传感器开展海洋水文、气象要素采集，实时自动采集潮汐、表层海水温度、表层海水盐度、海面风向、风速、雨量、温度、湿度、气压、能见度、云高、天气现象等参数。其配置设备包括风向风速传感器、温湿度传感器、气压传感器、雨量计、天气现象仪、激光测云仪、能见度仪、温盐深仪、室外高清高速球型网络摄像机、数据存储设备、太阳能电池板、公网通信与卫星通信设备等。

雷达观测站通常部署高频地波雷达和X波段测波雷达等。高频地波雷达是一种表层海流和波浪监测系统，可连续、长期获取大面积同步的海流、海浪及海面风场实况信息。X波段测波雷达能够实时、连续、大面积地监测量程范围内的波浪信息，如波高、波浪周期、波浪方向等，为预报减灾提供实时基础数据。北京海兰信数据科技股份有限公司研发的近海雷达网系统，以雷达、光电、AIS、GPS等为主要传感器，构成全天候实时处

理、支持多传感器融合、多站点组网的立体化监控系统，实现对海上目标特别是海上极小目标（雷达截面积≥0.1平方米，目标高度≥1米）的全自动跟踪、探测，并通过与光电观察设备联动功能实现对目标的精确识别。近海雷达网系统为对海监测、执法、管理任务提供高度融合的实时海上态势认知信息，并具备溢油探测、海浪探测及导航避碰功能。

## 4.1.6  新兴海洋物联网感知技术

### 4.1.6.1  低轨小卫星观测网技术

低轨道卫星系统一般是指多个卫星构成的可以进行实时信息处理的大型的卫星系统，其中卫星的分布称之为卫星星座。低轨道卫星可以用于对海观测探测，利用低轨道卫星容易获得海洋环境、海上活动高分辨率图像。低轨道卫星也用于地面/海面移动通信，卫星的轨道高度低使得传输延时短，路径损耗小。多个卫星组成的通信系统可以实现真正的全球覆盖，使频率复用更有效。蜂窝通信多址、点波束、频率复用等技术也为低轨道卫星移动通信提供了技术保障。

美国太空探索技术公司（Space X）开展的"星链（Starlink）"项目，已开始在太空搭建由多颗卫星组成的"星链"网络，并从2020年开始工作。在"星链"项目中，低轨卫星高分布性、灵活性、快速重构性等特点更加凸显。低轨卫星可搭载侦察、导航、气象等载荷，可在全球实施全天时无缝侦察和监视，使海洋活动、战场态势透明化；可提供覆盖全球的大带宽、高速率军事通信服务，构建起覆盖无人机、军民飞机、海面舰船、水下平台等强大指挥通信网；可显著提升定位精度和抗干扰能力，大幅提高卫星系统的作业能力。

随着低轨卫星星座的快速发展，海洋环境、海洋活动的观测数据量、数据精度将得到数量级的提升，这将有力提高海洋透明化、信息化和智能化水平[34]。

### 4.1.6.2 低成本浮潜标感知技术

美国国防高级研究计划局开展"海洋物联网"项目，计划通过部署大量低成本、环保、智能化的海上浮标以组成分布式传感器网络，实现对大范围海洋区域的持续态势感知。项目共分两个阶段进行，第一阶段（2017—2019年）包括最初的浮标和数据处理方法的设计工作；第二阶段（2019—2021年）将对浮标进行改进和细化，最终实现1.5万个浮标的海上演示试验。浮标部署示意图如图4-2所示。

图4-2 美国DARPA海洋物联网浮标示意图[22]

项目将重点研究两项关键技术，一是浮标硬件设计，二是浮标数据处理，即让浮标上的计算系统将原始数据整理转化为一个个信息包，通过卫星通信系统发送到岸上的云系统中；数据在云端需要被拆分、汇集，利用机器学习等数据分析算法，对采集到的海洋物理特性和海上活动情况进行解析，分析结果最终纳入图形图像展示系统中进行演示。浮标硬件的设计和开发需求主要包括以下几个方面[35]。

浮标设计采用生物安全材料，体积为0.0014立方米至0.0032立方米，质量为3.2千克至8.2千克。浮标配备一系列水上和水下传感器、低成本全球定位系统模块、天线、惯性测量单元（IMU）等。摄像机、软件定义无线电、射频探测器和水听器作为任务传感器被装在特定的浮标上，用于探测和跟踪飞机、船只等的航迹。

浮标通过太阳能电池板和/或碱性电池为传感器和搭载的电子设备提供电力。浮标的间歇、被动采样也可节约电力消耗。

海洋物联网系统采用鲁棒、相对低带宽的卫星通信系统传输信息。由于在一个集中区域中有大量浮标，每个浮标在消息长度和消息传递频率上都受到限制，因此整个系统需要根据优先级对传感器数据进行选择性传输，保证后续的数据分析工作。

浮标配有高度可靠的沉没机制，可由内部逻辑触发，也可由操作员下达的沉没指令触发。每个浮标需要对周围环境进行至少一年的监测，并在寿命耗尽之后安全地沉入海底。

浮标的设计和制造计划需满足大规模生产，单个浮标的目标成本是500美元。海洋物联网项目可使用低成本、异构的智能浮标来完成多种任务，实现价格可承受的海洋态势感知。

数据分析部分开发基于云计算的软件和分析技术来处理浮标的报告数据。云系统通过数据分析可以动态显示浮标的位置、自身状况和任务性能，处理海洋和气象模型的环境数据，还可以自动检测、跟踪和识别附近的船只，并确定海洋活动一些新的指标。与基于岸上或高宽度传感器不同，浮标传感器只传输必要的数据，而且在传输前会进行压缩。海洋物联网项目有三个不同的重点领域需要进行数据分析：直接应用传感器记录值，如浮标位置和环境/气象测量数据，用于对浮标本身的指挥和控制，可视化浮标的当前位置，并对浮标在未来的位置进行预测；传感器数据的推断，如测量和跟踪海洋环境中的物体（船只、飞机和海洋哺乳动物等）；数据挖掘、异常检测或已知现象的识别。

## ▶ 4.2  海洋信息传输网络 ◀

海洋物联网信息传输网络是各类海洋装备与信息系统互联互通、互融互用的基础，并以多网异构融合、统一通信服务、高效安全、增值扩展为目标，为各类海洋用户提供泛在随行的通信服务[36, 37]。文献[38]描述了一个典型的全球海洋通信网络，如图4-3所示。其中，靠近海岸的船舶/浮标与地面专用基站或者蜂窝移动通信基站通过海上无线链路相连；远离海岸的船舶/浮标通过卫星链路与海洋通信卫星相连；卫星和基站通过卫星通信网络控制中心形成一个有效的海洋通信网络。船舶之间除了利用卫星网络与空中平台进行中继通信，在视距范围内也可以通过无线链路直接通信。

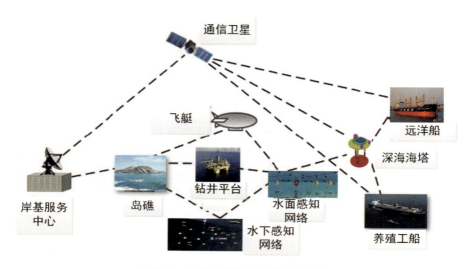

图4-3 全球海洋通信网络示意图[38]

## 🌐 4.2.1 网络架构

### 4.2.1.1 总体构成

海洋物联网信息传输网络由天基、空基、海面、水下与岸基信息传输网络共同构成，通信能力及相应的通信手段如图4-4所示。

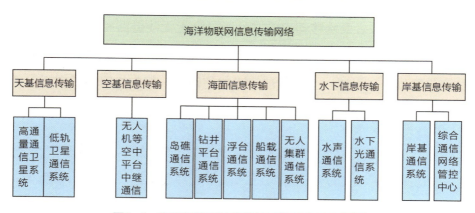

图4-4 海洋物联网信息传输网络总体构成框图

天基、空基、海面、水下与岸基信息传输网络部署与应用示意如图4-5所示。

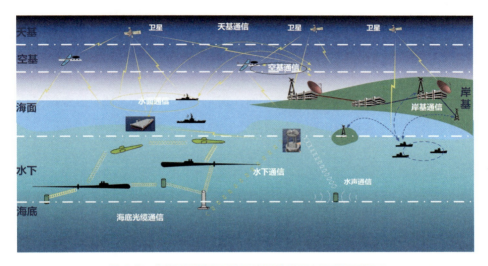

图4-5 海洋物联网信息传输网络部署与应用示意图

天基通信系统用于岸基应用中心与空基信息节点、岸基应用中心与海面信息节点、空基信息节点与海面信息节点，以及海面信息节点之间的广域通信，提供实时高效的海洋通信服务。天基通信包括卫星移动通信、卫星宽带通信、北斗卫星导航系统等，岸基、空基、海面等信息节点通常综合运用多种卫星通信手段。

空基通信系统通常由大型固定翼无人机与中小型旋翼无人机搭载的通信系统组成，搭载的通信设备包括卫星移动通信终端、北斗导航通信终端、LTE（通用移动通信技术的长期演进）通信终端等，主要提供信息中继传输、区域补盲、应急通信保障等功能。

海面通信系统主要由岛礁通信、钻井平台通信、浮岛/浮台/浮标通信、船舶通信等组成，通信手段主要包括短波、超短波、微波、海面蒸发波导、LTE通信，以及海面自组网通信等，提供海上各类平台和用户信息传

输和共享的功能。

水下通信系统的主要通信手段包括水声通信和水下光通信等。水声通信可提供水下远程通信保障，适用于水下潜航器、潜标、浮标等组网应用。

岸基信息中心主要通信手段以有线网络为主，在网络结构上配置为核心骨干网、区域汇聚网、本地接入网，实现与政务网络、社会服务网络、商业运营网络等各种应用网络的信息交互与共享。

### 4.2.1.2 技术架构

海洋物联网信息传输网络技术架构参考ISO（国际标准化组织）信息网络分层结构和NGN（下一代网络）框架，划分为传输层、控制层、业务层，如图4-6所示。

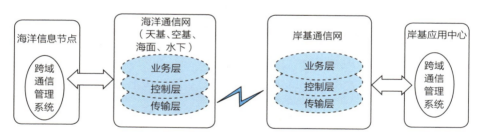

图4-6 海洋物联网信息传输技术架构

其中，传输层包括卫星通信、蜂窝移动通信、专网通信等多种通信手段，完成信息收发功能；控制层提供IP跨网融合通信服务与数据交换等功能，屏蔽各类通信手段的差异性，提供全IP透明的传输承载能力，完成多种业务分级分类传输，友好接入不同业务部门和用户；业务层由各种用户应用系统或综合业务终端构成，为各类用户提供综合业务服务功能。

跨域通信管理系统是海洋物联网岸海信息交互、海面水下信息交互的异构通信网关，它基于卫星移动通信、卫星宽带通信、北斗短报文通信、公网通信（4G/5G）、专网通信与水声通信等通信手段，一方面提供多体制异构通信网络融合，按需为不同涉海用户的业务应用提供透明的海洋通信数据接入；另一方面为海洋物联网提供统一通信服务，基于海上多种异构通信网络实现对上层应用信息的一体化传输，在不改变现行通信网络组织结构的前提下，保证上层业务信息系统核心通信不间断、高可靠传递。

## 🌐 4.2.2　天基通信

海洋面积广阔环境复杂多变，卫星通信具有灵活方便、广域传输、较高通信带宽等突出优点，特别是卫星通信受天气、环境影响较小，因此是海洋物联网远海信息传输、广域互联、通信泛在随行的不可替代的手段。

海洋物联网信息传输网络中卫星通信系统包括高低轨结合的全球卫星通信网络、卫星通信运营服务平台以及面向各行业的业务应用系统。全球卫星通信网络主要包括C、Ku、L、Ka、S等高轨通信卫星资源，以及目前正在建设的全球覆盖的低轨卫星互联网系统等。卫星通信运营服务平台为海岛、渔船、游轮、货轮、海上生产平台提供公共通信服务，为海上应急救援、防灾减灾、突发事件等提供应急通信保障，为政府、行业、企业等提供专网服务，为无人机、无人艇、无人潜航器、浮标、潜标等提供物联网数据采集服务。

天基卫星通信面向海洋物联网不同的通信业务和通信带宽需求，利用卫星移动通信、卫星宽带通信、北斗卫星导航系统、卫星互联网等手段提供海洋广域通信服务。

### 4.2.2.1　卫星移动通信

目前全球海洋卫星通信以卫星移动通信为主要手段，海事卫星系统（Inmarsat）则是全球移动卫星通信网络的领跑者。海事卫星系统由国际海事组织（IMO）提供，承担着国际海事组织和国际民航组织在船舶、飞机的遇险安全通信任务，并通过各个国家自行建设的海事卫星关口站，为政府的国际搜救部门提供遇险和安全卫星通信。海事卫星系统陆续演进了五代，其中第一代为租用卫星，第二代为自建系统（已被第三代系统替代），目前主要在用的卫星系统是第三代（L波段语音通信）、第四代（L波段数据通信，飞机宽带上网技术）与第五代。第五代海事卫星采用高通量通信卫星（HTS）技术，Ka频段可以为宽带卫星终端用户提供下行50兆比特/秒，上行5兆比特/秒的速率，相比第四代海事卫星系统增长100倍，可满足用户宽带上网、在线购物、远程医疗以及视频监控等业务需求。

2016年8月6日，我国在西昌卫星发射中心用长征三号乙运载火箭成功发射了"天通一号"01星，这是我国首颗移动通信卫星，也被誉为"中国版的海事卫星"，其成功发射标志着我国进入了卫星移动通信的手机时代。"天通一号"卫星移动通信系统能够为中国及周边地区，以及太平洋、印度洋大部分海域的用户提供全天候、全天时、稳定可靠移动通信服务，支持话音、短信息和数据业务。"天通一号"卫星的性能达到了国际第三代卫星移动通信水平[39]。

### 4.2.2.2　卫星宽带通信

随着各行各业对海上卫星通信的实时综合业务传输保障需求越来越多，许多卫星通信运营商纷纷推出了各自的全球卫星宽带网解决方案，以服务于海洋信息化市场。2012年，Intelsat（一个国际卫星通信组织）推出了由10个Ku波束组成的海事网，采用了美国iDirect卫星通信系统研制的"全球网管系统"，支持为全球范围内的船载卫星终端提供具备多星多波束自动切换的卫星通信业务，为航行在全球各大洋的船只提供全天候卫星宽带通信服务。

卫星宽带通信系统由多颗卫星、多个关口站、与关口站互联的地面网络、用户用各类远端站以及地面统一网管系统组成，可提供语音、数据、互联网接入、视频会议以及视频监控等卫星通信综合业务服务。在服务范围的用户通过卫星端站，包括船载站等用户远端站接入该平台，即可实现与企业、个人间的语音、视频和互联网交互。

### 4.2.2.3　北斗卫星导航系统

我国的北斗卫星导航系统可在全球范围内全天候、全天时为各类用户提供高精度、高可靠的定位、导航、授时服务，并且具有短报文通信能力。2014年11月，国际海事组织海上安全委员会正式将中国北斗系统纳入全球无线电导航系统。北斗卫星导航系统作为一个成熟的导航系统，支持语音、短信息和数据业务，不但能为海上船舶提供定位导航服务，而且其短报文通信功能可以为海洋用户通信、海洋运输、远洋渔业、海上应急救援、旅游科考等多领域提供全天候、全天时、稳定可靠的移动通信服务。

### 4.2.2.4　卫星互联网

卫星互联网一般指多次发射数百颗以及上千颗小卫星，组成低轨卫星星座，作为"空中基站"，达到与地面移动通信类似的互联效果，例如，美国一网（One Web）和Space X公司已启动建设覆盖全球的低轨卫星

系统。基于高通量卫星（HTS）发展的新一代卫星通信网络，是为地面、海上和空中用户提供宽带互联网接入等通信服务的新型卫星互联网。卫星互联网组成架构可以划分为空间段、地面段和用户段三个部分，发展方向为空间段载荷高通量化、地面段系统灵活化、用户段终端融合化。卫星互联网的空间段部分指在轨运行的卫星，一般分为在多任务卫星上搭载的HTS载荷、地球静止轨道高通量卫星（GEO-HTS）系统和非地球静止轨道（NGSO）星座三类。随着Starlink、One Web等低轨互联网星座投入商用，预示着NGSO星座即将成为卫星互联网空间段资源新的主要供应方。典型搭载HTS载荷的卫星有SES 12、Eutelsat-172B以及Intelsat Epic系列卫星，此类卫星通过宽波束和高通量多点波束的混合使用，既可以兼顾传统通信卫星的广播传输、跨域通信等应用服务，也可以面向海洋用户提供大容量、高速率的卫星互联网服务[40]。

### 🌐 4.2.3 空基通信

空基通信系统通常用于海洋应急中继通信。一方面，海洋环境复杂多变，海面半固定节点以及海面移动节点的不规律晃动及天气影响均可导致单一海面传输手段失效；另一方面，天基卫星通信资源有限，目前使用成本较高，无法保证长时间高速率信息传输。而由大型固定翼无人机与中小型旋翼无人机等构成的无人集群可以出色地完成上述环境下的信息中继传输，保证了海面信息传输网络的有效性和稳定性。

无人机应急网络需要具备骨干节点与用户节点，骨干节点构成的网络能够保证长距离传输，用户节点的作用主要是收集与发送应急区域的信息。应急通信网络要求强机动性，作为骨干节点的设备需要满足快速移动的要求，因此需要提前对其进行部署，需要提前获取应急通信区域的环境及状态信息，从而有利于整个系统的组网。

### 🌐 4.2.4 　海面通信

海面通信系统主要由岛礁通信、钻井平台通信、浮岛/浮台/浮标通信、船舶通信等海面信息节点通信设施组成，通信手段主要包括短波、超短波、微波、海面蒸发波导、LTE通信，以及海面自组网通信等，提供海上各类平台和用户信息传输和共享服务。

海上专用自组网是海上通信网的重要组成，在海上各类船队开展海上活动时，卫星通信无法完全满足船队内大量综合信息交互的需求，所以建设海上专用自组网可以提高海上各类平台之间动态、宽带组网和协同通信能力，提升海上维权、救助等重大任务的通信保障能力。

浮台/浮标通信具备海上灵活部署、适应海洋恶劣环境、无人值守、能源自保障、覆盖范围广等特点，并可搭载各类任务系统完成多种功能，可根据需求在海上锚定布设，提供组网服务能力，并可作为连接水下通信与海面通信的汇接点，成为海上通信网的枢纽节点。

基于海面蒸发波导的无线通信作为一种新型通信手段，不仅可大幅提升海上通信的传输能力，同时还能够大大增加海面通信单位的通信距离，可有效解决海上通信距离近，传输速率慢，受海面高温高湿、台风降水以及风速迅疾影响大的问题，因而受到广泛关注。海面蒸发波导微波通信可以实现超视距通信，而且传播距离可达到两倍视距至几百千米，其传播路径损耗比绕射损耗小十几分贝至几十分贝，不仅可以解决超视距数据通信问题，还可提供宽带视频级数据传输（传输速率可高达每秒几百兆比特），因此，海面蒸发波导微波通信作为一种新型通信手段，可有效提高海上平台间高速数据通信距离，扩大通信覆盖范围。

## 🌐 4.2.5　水下通信

水下通信系统具有为水下活动提供通信、导航、定位等服务，为水下探测传感器提供无线信息传输链路，为水下作业提供实时语音服务等功能。由于海水强烈的吸收特性，基于无线电的通信方式无法直接应用于水下的远程通信，所以水下的远程探测、通信、定位及导航等主要依赖水声手段，在海洋环境观测中利用水声通信提供深远海数据传输，实时获取浮标、潜标等水下观测数据。水下光通信、电磁通信也可在特定场景下作为声学通信的补充。

### 4.2.5.1　水声通信

水下通信非常困难，主要是由于通道的多径效应、时变效应、可用频宽窄、信号衰减严重，特别是在长距离传输中。水声通信的工作原理是将文字、语音、图像等信息，通过电发送机转换成电信号，并由编码器将信息数字化处理，此后，换能器又将电信号转换为声信号。尽管复杂多变的水声信道极大地影响了水声通信的速率、距离和稳定性，但许多用于克服这一障碍的技术手段正不断涌现，如水下多输入多输出通信技术、水下多模态通信技术等。

水声通信在布放形态上分为固定节点和移动节点两种形式。其中，固定节点主要是潜标和浮标的形式，潜标可根据海域的深度和功能要求布施在任意深度，实现普通节点和中心节点的功能；浮标既可以依托浮塔、航标等设施，也可单独布放，实现网关节点的作用。移动节点采用UUV、水下滑翔机等形态，可根据需要在水下实现自主移动，在功能上既可作为普通节点，也可作为中心节点。

### 4.2.5.2 水下光通信

水下可见光通信网利用波长为450～550纳米的蓝绿光光波在水下衰减小于其他波长光的特点，实现水下UUV、AUV、ROV、传感器之间的保密、高速通信，还可用于母船及蛙人间的高速数传，海底观测节点组网与水下区域预警数据传输等。一定功率的蓝绿激光在海水中的穿透能力可达600米以上，其方向性好、工作频率高、通信频带宽、数据传输能力强，另外，光信号不受电磁辐射和核辐射的影响，不易被截获，并且相应的设备轻巧，故而隐蔽安全，是较为理想的水下通信手段。

与水声通信技术相比，可见光虽然通信距离受限，但是具有高速率、高带宽、安全性好、体积小、功耗低、延迟小、方向性强的特点，可以克服水下声学通信的带宽窄、受电磁影响大、传输的时延大等不足。

水下可见光通信网由分布在水下UUV、AUV、ROV、传感器和浮标的可见光通信装置组成。可见光通信装置原理如图4-7所示。

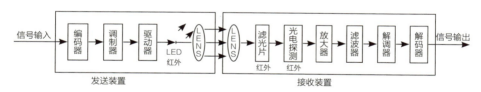

图4-7 水下可见光通信装置原理

发送装置由编码器、调制器、驱动器、红外光发光二极管（LED）组件和发射透镜组成。发送端对要发送的信息进行编码，然后调制，再通过驱动器加载到LED上，LED把电信号转换成光信号，通过透镜将光束发散角变小并输出。

接收装置由接收透镜、滤光片、光电探测器、放大器、滤波器、解调器组成。接收端通过透镜汇聚光信号，利用滤光片滤除其他波长光信号，接着采用光电探测器探测光信号，并把光信号转换为电信号，然后通过放

大器、滤波器、解调器、解码器对接收到的信号放大、滤波、解调、解码、输出。

水下可见光通信有多种形式，包括：点对点、点对多点、无中心节点、有中心节点。为了实现较大的光学通信覆盖，需要以特殊方式进行LED排列，形成全向光学覆盖天线，同时，采用优化改进的基于冲突避免的TDMA（时分多址）算法，以适应水下可见光通信组网要求，提高网络的吞吐率。

## 🌐 4.2.6　岸基通信

岸基通信以有线网络为主，在通信网络架构上包含核心骨干网、区域汇聚网、本地接入网，实现与海洋政务网络、社会服务网络、商业运营网络等应用网络的信息交互和共享。岸基通信管控中心是海洋物联网信息传输网络的信息交换中心和数据共享中心。

核心骨干网是公网与各类专网之间，以及综合信息感知网与业务系统间的联系枢纽，是海洋信息通信网的核心交换网络。核心骨干节点采用行业数据中心级交换设备，形成多路高密度交换能力和网络设备资源池化能力，确保高带宽和高稳定传输；采用内部光纤链路，依托地面专线建立核心骨干节点与行业共享网的链路，通过核心骨干节点连通各类海洋用户；采用内部光纤链路和网闸设备，将公网接入核心骨干节点，实现专网与公网间的受控数据交换。

# 4.3 云计算基础设施

在海洋物联网云服务体系中，云计算基础设施主要包括计算、存储、网络和安全等IT资源，它通过资源虚拟化提供存储、计算及网络等资源的动态共享与按需分配。其中计算资源提供计算所需的CPU、内存，以及刀片机、服务器、PC机集群等；存储资源提供存储区域网络（SAN）/网络附接存储（NAS）的网络存储、固态硬盘、普通硬盘等；网络资源包括路由器、交换机、光纤、网线等；安全资源是物理层的安全防护措施，包括网络防火墙、网闸等。各类综合服务保障资源也作为云计算基础设施的组成部分，提供专用服务。

## 4.3.1 云计算平台

云计算平台包含中心端和客户端两部分，如图4-8所示。中心端采用计算、存储、网络、显卡等虚拟化技术实现物理资源的池化，在此基础上形成虚拟服务器和虚拟桌面，在虚拟桌面中包括态势感知、目标监控、区块链、GIS系统、大数据、人工智能等业务系统，用户可以根据权限自由选择使用的业务桌面。

在客户端硬件平台基础上安装客户端软件，可以实现生命周期管理、用户管理、快照管理、分屏显示等功能，而且用户还可以通过浏览器登录云中心的管理界面，实现整个云平台资源的统一管理。

## 4.3.2 云操作系统

云操作系统由虚拟化端、虚拟机端、管理端和客户端四部分组成，

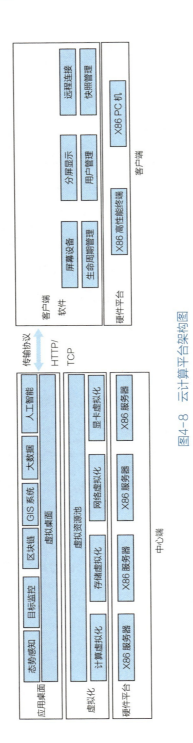

图4-8 云计算平台架构图

其中前三者部署在服务器上，完成资源池化和管理运维的功能；客户端部署在终端设备上，实现资源访问和人机交互功能。云操作系统逻辑架构如图4-9所示。

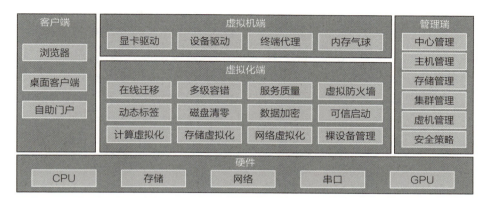

图4-9 云操作系统逻辑架构图

### 4.3.3 云计算虚拟化

云计算虚拟化是将各种实体资源，例如CPU、内存、磁盘空间、网络适配器等予以抽象，进行池化，形成虚拟资源池，包括运行的内核层（KVM）和用户空间层（QEMU）。客户系统运行之前，QEMU作为全系统模拟软件，需要为客户系统模拟出CPU、主存以及I/O设备，使客户系统就像运行在真实硬件之上，而不用对客户系统代码做修改。

#### 4.3.3.1 计算虚拟化

计算资源的池化主要通过"虚拟化技术"将服务器硬件资源"池化"成多台虚拟机，能够更高效地利用计算资源池，可使用最具安全性和高性能的键盘、视频或鼠标（KVM）管理程序作为虚拟化平台。KVM是一种

可信赖的虚拟化环境，特别在云计算平台这样多租户环境的实现上具有优势。

通过虚拟化技术将一台物理计算机虚拟为多台逻辑计算机，在一台物理计算机上同时运行多个逻辑计算机，每个逻辑计算机可运行不同的操作系统，并且应用程序都可以在相互独立的空间内运行而互不影响，从而显著提高计算机的工作效率。虚拟化使用软件的方法重新定义划分计算资源，可以实现计算资源的动态分配、灵活调度、跨域共享、自动批量部署，从而提高计算资源利用率，服务于灵活多变的应用需求。

### 4.3.3.2　存储虚拟化

存储资源池能够兼容地使用集中式存储和分布式存储两种存储方式，能够根据不同的业务对存储的不同需求，便捷地分配不同类型的存储，并支持不同的存储类型。

系统能够支持IPSAN、FCSAN和NAS存储，能够基于共享存储创建并管理虚拟机。集中式存储需要一个独立的共享存储节点，然后通过网络进行数据存取，能够集中管理和处理网络上所有数据，具有可靠、稳定、安全、快速等优点。但集中式存储存在单点故障，即存储服务器一旦发生故障，将导致数据不可访问，风险较大，所以往往采用两台热备方式支持，热备功能需要存储设备的支持。

### 4.3.3.3　网络虚拟化

通过软件定义网络技术，可以实现虚拟机层面传统的扁平网络架构（传统模式），从底层硬件分离网络并对网络基础架构应用虚拟化，把分散的物理网络设备虚拟成统一的逻辑网络资源池。通过软件定义网络技术，云操作系统可以按需使用虚拟网络，按需配置网络逻辑拓扑，通过创建虚拟交换机、虚拟路由器来进行灵活组网，也可以使用户内部的网络直接与物理网络进行互通。

### 4.3.3.4　显卡虚拟化

显卡虚拟化是将物理图形处理单元（GPU）虚拟化成多个虚拟机GPU，每个虚拟GPU直接分配给虚拟机使用，然后将3D渲染后的虚拟桌面通过桌面传输协议推送到云终端进行显示。要实现重型3D，就需要实现两部分功能：

1）实现硬件GPU全虚拟化，并将虚拟图形处理单元（vGPU）透传给虚拟机使用。GPU虚拟化的实现方式为，物理GPU虚拟化为多个虚拟机GPU，每个虚拟GPU直接分配给虚拟机使用，通过软件调度的方式在主机（Host）与计算机的来宾账户（Guest）之间提供一个中间设备（表示为Mediated Device）来允许Guest虚拟机访问Host中的物理GPU。

2）实现远程桌面协议3D支持，将3D渲染后的画面推送到终端显示。物理GPU虚拟出的虚拟GPU在虚拟机中被正确识别并工作，在虚拟机中此显卡被作为主显卡使用，3D应用运行过程中，桌面画面被渲染到此虚拟显卡中，再通过研究底层显卡技术开发Mirror Driver负责过滤GPU中的画面。Mirror Driver再把过滤到的数据同步发送到虚拟机的虚拟显卡中，最后虚拟机的整个桌面画面通过自主传输协议交付到客户端进行最终的展示。

### 4.3.3.5　安全虚拟化

云计算安全包含数据与传输的安全，以及各类资源的隔离等方面。云计算系统支持安全组，同一个安全组同属于一个虚拟局域网（VLAN），内部可以相互访问，对于不同安全组可以通过管理台控制相互访问的权限，支持CPU、内存、磁盘和网络的QoS控制。

采用虚拟防火墙技术，根据用户需求自行定制策略，可实现隔离各种业务系统，控制终端访问中心资源的权限，以及防火墙统一管理等功能。

桌面虚拟化场景中数据都是通过网络传输，因此为了保证传输过程中数据不会被截取，需要使用SSL/TLS加密协议。SSL/TLS加密协议位于TCP/IP协议与各种应用层协议之间，为数据通信提供可靠的安全支持。

### 4.3.3.6　虚拟机动态迁移

KVM虚拟机热迁移工作由用户态的QEMU和KVM内核模块配合实施，迁移开始前，需要在目的宿主机创建一台和原虚拟机配置相同的虚拟机，该虚拟机负责接收待迁移虚拟机的所有状态。用户发起请求后，原虚拟机将创建一个专门的迁移线程负责迁移，而新的虚拟机将创建一个线程（coroutine），负责接收、恢复虚拟机，迁移具体步骤可分为四个阶段，即资源预留（reservation）、迭代预拷贝（iterative pre-copy）、停机拷贝（stop-and-copy）、激活（activation）。

### 4.3.3.7　虚拟机资源动态调整

虚拟化技术支持对计算、存储、网络等资源的动态调整：计算资源主要是指CPU和内存，在虚拟机关机状态下，可以自由增大缩小虚拟机CPU和内存大小，在虚拟机开机状态下，可以通过内存气泡技术，实现虚拟机内存的动态伸缩；存储资源主要是指虚拟机磁盘，虚拟机开关机均可自由增删磁盘数，但虚拟机在线状态下增删磁盘，需要关闭虚拟机后，再次开机才能生效；网络资源是指虚拟机的网卡数量，虚拟机开关机均可自由增删网卡数，但在虚拟机在线状态下，需要关闭虚拟机后，再次开机才能生效。

虚拟机资源支持QoS控制，对于虚拟机CPU，它可以设置一个虚拟机能够占用的物理CPU时间比例，以及相对其他虚拟机占用CPU时间的比例；对于网络资源可以进行网络限速，它能保证关键业务数据的正常通信；对于磁盘资源可以进行磁盘限速，它能保证关键业务应用的运行速度。

# 5

## 海洋物联网跨域
## 通信管理即服务

智能化海洋物联网
云服务体系及应用

## 5.1　海洋物联网跨域通信架构

### 🌐 5.1.1　物理架构

　　海洋物联网信息传输网络配置跨域通信管理系统，在海洋物联网云服务体系中提供岸海跨域通信服务，以实现海洋信息节点之间以及海洋信息节点与岸基应用中心之间的信息交互。跨域通信管理系统由跨域通信管控设备、多体制异构通信网络、云计算平台等组成，海洋物联网跨域通信物理架构如图5-1所示。

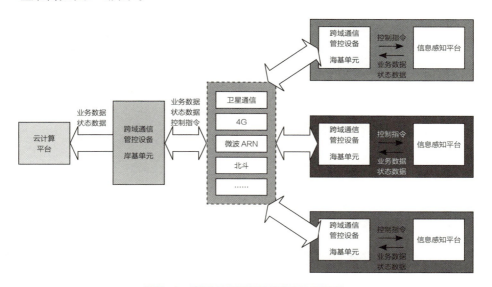

图5-1　海洋物联网跨域通信物理架构

其中，跨域通信管控设备作为海洋物联网岸/海信息交互、海面/水下信息交互的异构通信网关，包括岸基单元和海基单元两种类型。岸基单元被配置为岸基跨域通信管控中心，海基单元被配置为海基跨域通信管控节点。海洋物联网跨域通信管控采用岸基集中式通信管理与海基分布式通信信息采集的运行模式。岸基跨域通信管控中心集中呈现海洋物联网通信网络运行态势，提供通信网络的运行监控与维护等功能。海基跨域通信管控节点采集海面与水下通信网络运行信息，接受岸基通信管控中心的统一配置和管理。图5-2展示了海洋物联网跨域通信管控的一种应用场景。

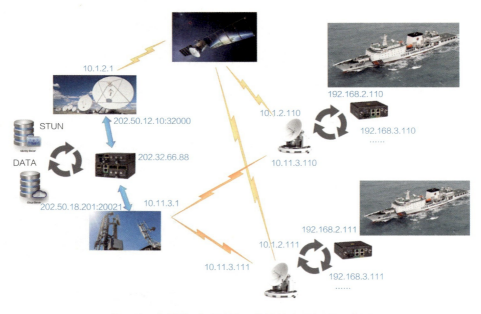

图5-2　海洋物联网跨域通信管控应用场景示意图

## 🌐 5.1.2　服务架构

海洋物联网跨域通信以多体制异构通信网络为信息传输链路，以跨域通信管控设备为信息交互网关，为海洋物联网应用提供岸/海、海面/水下跨域通信服务。海洋物联网跨域通信服务架构可划分为信息传输设施层、通信服务层、通信应用层三个层级，如图5-3所示。

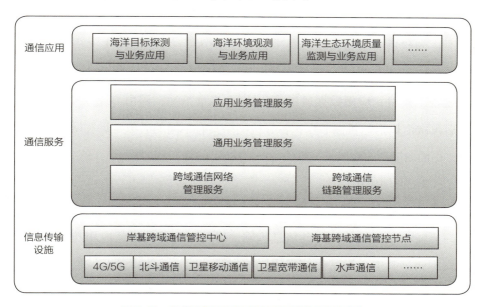

图5-3　海洋物联网跨域通信管理服务架构图

（1）信息传输设施层

信息传输设施层包括多体制通信网络和跨域通信管控设备。多体制通信网络由公网通信（4G/5G）、专网通信（短波/超短波/微波宽带等）、北斗通信、卫星移动通信、海洋卫星宽带通信、海面组网通信、水声通信等多种通信手段构成。跨域通信管控设备部署在岸基跨域通信管控中心和海基跨域通信管控节点，采用IP统一承载、路由交换、传输QoS保障等方式，向上屏蔽多体制通信网络的差异性，向下实现对多种手段的综合运用和异构网络的融合。

（2）通信服务层

通信服务层位于信息传输层和业务应用层之间，基于跨域通信管控

设备提供的IP统一承载和路由交换等能力，应用业务控制和传输控制等技术，为各类海洋业务通信应用提供跨域通信链路管理服务、跨域通信网络管理服务、通用业务管理服务和应用业务管理服务。

海洋物联网岸/海跨域管控设备之间的通信服务网络被定义为Alpha网，该网络融合卫星通信、公网通信（4G/5G）等异构网络，跨域管控设备外接应用可以视Alpha网为局域网络，网络内部可以直接寻址。当跨域管控设备工作时，应用数据通过Alpha网内寻址抵达，路由寻址分发到异构网络后再次汇聚抵达目标节点，各异构网络具有不同的通信延迟和网络承载能力，由面向应用的跨域支持算法与策略达成无感的Alpha网内应用服务能力。

（3）通信应用层

通信应用层实现海洋信息节点获取的海洋目标和海洋环境等感知信息的传输，及其相关的业务信息传输，岸基与海基的通信应用功能与表现方式不同。其中，岸基通信应用层的主要功能为接收岸基跨域通信应用业务管理服务提供的多海上节点感知信息并进行综合处理，表现为云计算方式；而海基通信应用层的主要功能为接收海基多传感器感知数据并进行预处理，再上传至海基跨域通信应用业务管理服务，表现为边缘计算方式。

### 5.1.2.1　岸基跨域通信服务

岸基跨域通信服务架构如图5-4所示。岸基通信管控中心通过4G/5G、北斗短报文通信、卫星移动通信、卫星宽带通信、专网通信等多体制通信网络，接收汇聚来自多个海上信息节点的感知信息，通过岸基公网或专网传输至各类海洋用户或海洋物联网应用业务系统；岸基通信管控中心支持遥控遥测远端的海基跨域通信管控节点及其外联的USV/UUV等设备。

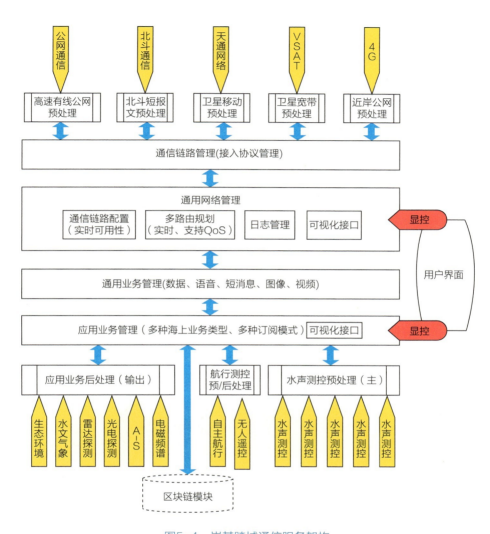

图5-4　岸基跨域通信服务架构

### 5.1.2.2　海基跨域通信服务

海基跨域通信服务以部署在海基多种物理形态信息节点上的跨域通信管控设备为基础，提供海面与岸基、海面与水下的跨域信息传输，服务架构如图5-5所示。

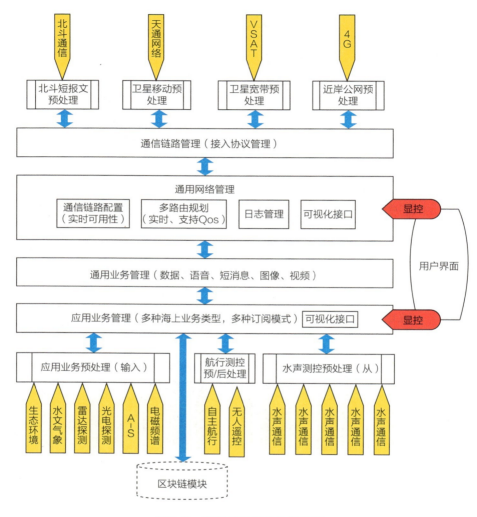

图5-5 海基跨域通信服务架构

对于海面与岸基跨域信息传输，海上信息节点接收来自多类传感器及相关水下感知网络获取的海洋目标和海洋环境数据、来自海上信息节点平台与设备的状态监视信息，经过信息预处理后，接入跨域通信管控设备，通过4G/5G、北斗短报文通信、卫星移动通信、卫星宽带通信等多体制通信网络，上传至岸基跨域通信管控中心。

海面与水下的跨域信息传输以与水下感知网络相关联的海面信息节点为网关节点，通过水声通信或其他信息传输方式将水下感知信息发送至海上信息节点，接入跨域通信管控设备，通过海基通信网络上传至岸基跨域通信管控中心。

## 5.2　跨域通信链路管理服务

跨域通信链路管理服务内容主要包括：驱动异构网络终端，建立异构网络链接，维护异构网络心跳，报告异构网络链接状态等，针对每条异构网络链接对数据包进行相应的格式转换等。

### 5.2.1　服务流程

跨域通信链路管理服务调用各异构通信网络终端的软件接口，完成对各通信网络终端的识别、驱动、初始化等操作；将各异构网络映射为一个本机端口，与跨域通信网络管理服务对接，服务流程如图5-6所示。

在通信链路管理服务流程的通信链路建立阶段，判断每个链路的通断状况，若畅通则尝试与目标节点进行连接，未连接成功则在超时后重新尝试；将链路通断情况及链路建立的成功与否上报给上层的通信网络管理服务；通信节点间的发现通过网络地址转换（NAT）会话穿越应用程序（Session Traversal Utilities for NAT，STUN）服务实现。在通信链路维护阶段，定时地向每个链路发送心跳检测信号，判断各链路的连接状态是否正常，记录通信过程速率等级，将通断情况和速度等级状态上报给上层通信

网络管理服务。

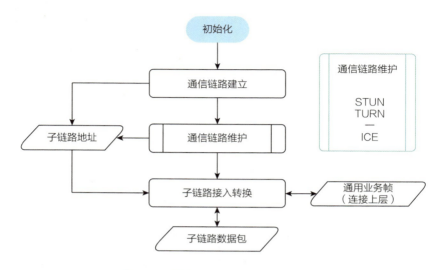

图5-6　跨域通信链路管理服务流程图

## 🌐 5.2.2　服务接口

（1）与通信网络管理服务（上层）交互

通信链路管理服务与通信网络管理服务（上层）交互时，将每个外接异构网络映射为一个本地端口，主动向上层服务上报（或当上层服务发来查询命令时向其反馈）异构网络上本机与其他节点之间的通断情况和速度等级；在数据上传时把由异构网络传输的特定格式包转换为与上层服务约定的统一包格式，即通用业务帧格式。

（2）与异构通信网络（下层）交互

通信链路管理服务在与异构通信网络交互时，首先对不同异构网络的终端设备进行硬件连接和软件驱动，再进行数据交互，把由上层通信网络管理服务传递来的统一数据包转换为当前链路所需的包格式。

### ⊕ 5.2.3　软件流程

跨域通信链路管理服务的软件流程如图5-7所示。当通信链路管理流程开启时，首先需正确识别、成功驱动通信链路终端设备，之后尝试建立通信链路连接。链路连接成功建立后，两条独立线程将被开启，作用分别为对通信链路状态的实时维护以及对通信数据包的及时发送与接收。

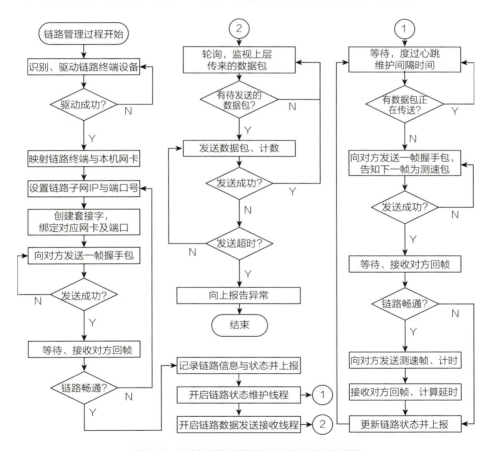

图5-7　跨域通信链路管理服务软件流程图

# 5.3　跨域通信网络管理服务

跨域通信网络管理服务内容主要包括：海洋物联网异构通信网络链路实时监控与配置，异构通信网络多路由实时规划，应用信息集成中间件提供面向数据类型的QoS能力，建立包括多海上节点部署与配置、通信网络拓扑结构、多路由链接状态、时间–流量关系等内容的通信态势等。

## 🌐 5.3.1　服务流程

跨域通信网络管理服务包括岸基通信管控设备对多海上节点异构通信网络的管理，以及海基通信管控设备对所在海上节点异构通信网络的管理。二者服务流程基本一致，如图5-8所示。

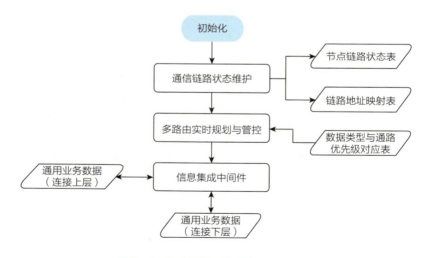

图5-8　跨域通信网络管理服务流程

（1）海上节点异构通信网络链路实时监控

通信网络管理服务通过获取通信链路管理服务维护的异构网络的通断

和速度等级，建立并维护"岸基节点链路状态表"，示例见表5-1。通过主动查询或定时接收上报的方式，下层服务会获取各链路状态，并即时更新通路状态表，当链路状态发生改变时，会生成日志记录。

表5-1 多海基节点与岸基节点通信链路状态表（示例）

| 节点 | 卫星移动通信<br>（天通） | 卫星宽带通信<br>（VSAT） | 北斗导航<br>短报文通信 | 4G/5G |
|---|---|---|---|---|
| 节点1（本机） | / | / | / | / |
| 节点2 | O | O | X | O |
| 节点3 | X | O | O | O |
| 节点4 | O | O | O | X |
| 节点5（云节点） | O | O | X | O |

（2）异构通信网络多路由实时规划和管控

依据异构通信网络的通信能力和数据类型建立并维护两张表，分别为"地址映射关系表"和"数据类型与通路优先级对应表"。前者记录Alpha网内IP、节点号、各通信网络内部IP的映射关系，示例参见表5-2，对于云节点，所有子链路都通过NAT出口，所以地址一致；后者记录不同类型的数据所需传输通路的优先级，示例见表5-3。

表5-2 岸基节点IP地址与各链路地址映射关系表（示例）

| 节点 | Alpha网IP | 卫星移动通信<br>（天通） | 卫星宽带通信<br>（VSAT） | 北斗导航<br>短报文通信 | 4G/5G |
|---|---|---|---|---|---|
| 节点1（本机） | 192.168.0.100 | A | α | ① | （a） |
| 节点2 | 192.168.0.101 | B | β | ② | （b） |
| 节点3 | 192.168.0.102 | C | θ | ③ | （c） |
| 节点4 | 192.168.0.103 | D | γ | ④ | （d） |
| 节点5（云节点） | 202.32.66.23 | | | | |

表5-3 数据类型与链路优先级对应表（示例）

| 数据类型 | 端口号 | 卫星移动通信（天通） | 卫星宽带通信（VSAT） | 北斗导航短报文通信 | 4G/5G |
|---|---|---|---|---|---|
| 类型1 | 10001 | 0 | 3 | 1 | 2 |
| 类型2 | 10002 | 2 | 1 | 0 | / |
| 类型3 | 10003 | 1 | 0 | / | 2 |
| 类型4 | 10004 | / | 0 | 1 | / |

（3）信息集成中间件

信息集成中间件搭建于多路由管理之上，主要作用是下行时将通用业务帧封装为标准网络包，上行时将标准网络包解析为通用业务帧，确保数据的传输可靠性。由于需要按照数据类型适配服务质量和提供QoS能力，中间件提供重传保障，需要通过多路由管控提供面向异构网络的优先级排序传输，具体方式为：信息集成中间件获取通用业务管理服务（上层服务）提供的数据类型，在连接Alpha网内目标节点时，查询表5-3，通过指定端口号标识数据类型，从而在多路由实时规划与管控中激活相应异构网络链路。节点类型包括公网节点和Alpha网节点两大类，所以通信过程略有不同。

1）通信类型1：Alpha网节点 >>Alpha网节点

Alpha网内节点通信过程如图5-9所示。

发送一帧数据的具体过程描述如下：

①通用业务管理服务（上层服务）传输了某一数据类型（从通用业务帧中提取），中间件提取数据类型，查询表5-3获得对应端口号，按照优先级和应答需求调用中间件传输。

②多路由实时规划和管控依据端口号查询"数据类型与链路优先级对应表"（表5-3）获得端口号码、链路优先级的对应。

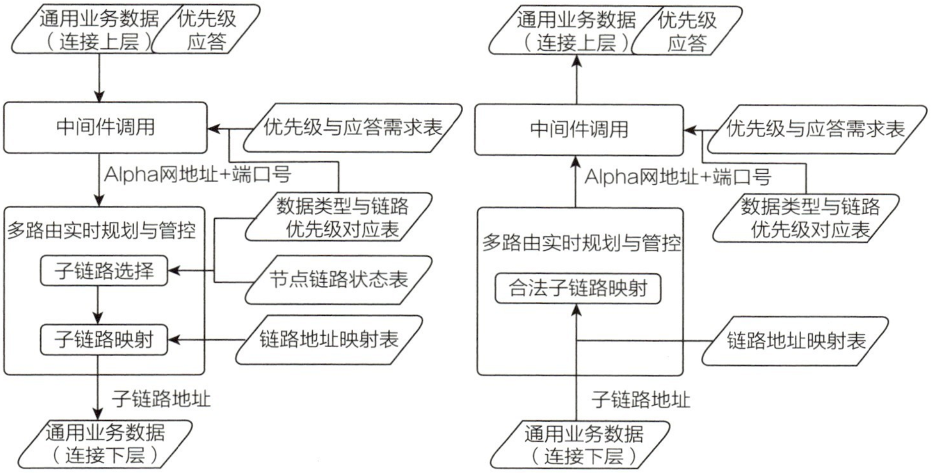

图5-9 Alpha网内节点通信过程示意图

③按照链路优先级查询节点链路状态表（表5-1），发现最高排序的可用链路β。

④对于通用业务帧中Alpha网内目标IP地址，通过查询地址映射表（表5-2），获取目标节点在链路β中的地址。

⑤信息集成中间件向目标节点在链路β中的地址发送二次封装后的通用业务帧。

接收一帧数据的具体过程描述如下：

①链路β发来目标地址为本机的通用业务帧，通过链路地址映射表获得来源节点，查询来源节点是否属于Alpha网，属于则进入下一步，否则丢弃。

②信息集成中间件解析接收到数据，还原通用业务帧，送到通用业务管理服务。

2）通信类型2：Alpha网节点 >>Alpha网的云端公网节点

Alpha网内节点到云端公网节点的通信过程如图5-10所示。

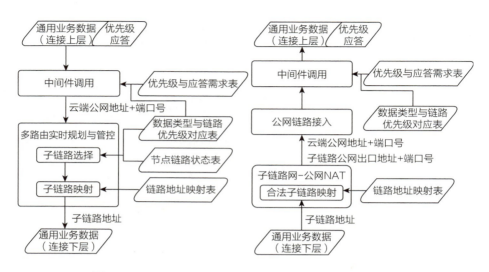

图5-10　Alpha网内节点到云端公网节点通信过程示意图

发送一帧数据的具体过程为：

①通用业务管理服务（上层服务）传输了某一数据类型（从通用业务帧中提取），中间件提取数据类型，查询表5-3获得对应端口号，按照优先级和应答需求调用中间件传输。

②多路由实时规划和管控依据端口号查询数据类型与链路优先级对应表（表5-3）获得端口号码、链路优先级的对应。

③按照链路优先级查询岸基节点链路状态表（表5-1），发现最高排序的可用链路β。

④对于通用业务帧中Alpha网内目标IP地址，通过查询岸基节点IP地址与各链路地址映射关系表（表5-2），获取目标节点在链路β中的地址，注意对于云节点，所有子链路都通过NAT出口，所以地址一致。

⑤信息集成中间件在链路β中向云端公网地址发送二次封装后的通用业务帧。

接收一帧数据的具体过程为：

①链路 β 发来目标地址为云端节点的通用业务帧，通过子链路 β 的 NAT地址转换穿透到公网，获得子链路网唯一的出口地址和端口对。

②通用业务帧发送到云端节点的公网地址和端口对，公网节点接收后依据子链路网唯一的出口地址和端口对判断是否为Alpha网内合法节点（STUN操作时记录），属于则进入下一步，否则丢弃。

③信息集成中间件解析接收到数据，还原通用业务帧，送到通用业务管理服务。

3）通信类型3：Alpha网的云端公网节点 >>Alpha网节点

Alpha网的云端公网节点到网内节点通信过程如图5-11所示。

发送一帧数据的具体过程为：

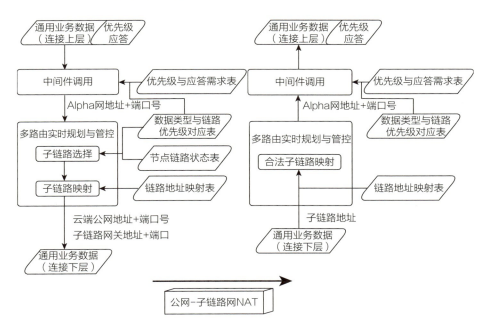

图5-11　Alpha网的云端公网节点到网内节点通信过程示意图

①通用业务管理服务（上层服务）传输了某一数据类型（从通用业务帧中提取），中间件提取数据类型，查询表5-3获得对应端口号，按照优先

级和应答需求调用中间件传输。

②多路由实时规划和管控依据端口号查询数据类型与链路优先级对应表（表5-3）获得端口号码、链路优先级的对应。

③按照链路优先级查询岸基节点链路状态表（表5-1），发现最高排序的可用链路β。

④将通用业务帧中Alpha网内目标IP地址，通过查询岸基节点IP地址与各链路地址映射关系表（表5-2），获取目标节点在链路β网关入口处的地址和端口对（STUN操作时记录）。

⑤信息集成中间件向链路β网关入口处的地址和端口对发送二次封装后的通用业务帧。

接收一帧数据的具体过程为：

①链路β网关入口处，将目的地公网地址和端口对翻译为β子链路网内地址和端口对，并在子链路网内转发。

②链路β发来目标地址为本机的通用业务帧，通过链路地址映射表获得来源节点，查询来源节点是否属于Alpha网，属于则进入下一步，否则丢弃。

③信息集成中间件解析接收到数据，还原通用业务帧，送到通用业务管理服务。

4）通信态势管控

通信态势管控提供用户操作界面，进行海上节点部署与配置，综合显示通信网络拓扑结构、多路由链接状态、时间-流量关系等。

## 🌐 5.3.2　服务接口

（1）与通用业务管理服务（上层）交互

使用进程间通信的方式，与上层服务进行交互。上层服务向本层传递通用业务帧，其中包含数据类型、Alpha网内源IP地址和目标IP地址等信息；本层向上层服务传递反向的此类信息。

（2）与通信链路管理服务（下层）交互

通过逻辑接口向异构网络不同地址空间发送数据，Alpha网内目标节点IP已经在本层中转译为异构网络的IP地址，不同类型的数据在本层继续采用通用业务帧，并被送入下层模块。本层主动向下层查询与其他节点的异构网络链路通断状态与速度等级，或定时地接收由下层上报的链路状态信息。

### 🌐 5.3.3　软件流程

通信网络管理服务的软件流程如图5-12所示。本层初始化时，需导入数据类型与链路优先级对应表、链路地址映射关系表以及节点链路状态表。成功初始化后，两条独立线程将被开启，作用分别为维护节点链路状态表以及为待发送的数据包选择通信链路。在上述三个表（表5-1、表5-2、表5-3）中，数据类型与链路优先级对应表、链路地址映射关系表相对稳定，前者只与用户初始配置有关，后者只可能在通信链路重连时发生改变。

节点链路状态表的变化最为频繁：通信链路状态存储于节点链路状态表内，将根据底层上报的状态信息进行实时更新维护，保证本层对通信链路的选择的正确性和可靠性。链路状态共划分为4种，分别为通畅、占用、休眠、堵塞。"通畅"及"占用"状态下，链路将被优先选用；"休眠"状态下，将尝试建立链路连接；"堵塞"状态下，链路将暂时不被选用，直到状态超时，恢复"休眠"状态。链路状态的划分及切换关系在图5-12中有详细体现。

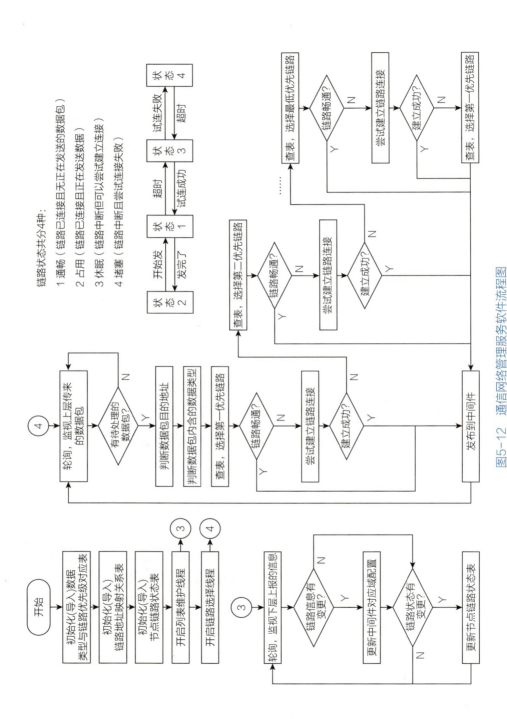

图5-12 通信网络管理服务软件流程图

# 5.4 通用业务管理服务

通用业务管理服务主要内容包括：根据海洋物联网数据传输来源/去向、应用类型、应用任务进行提取、转发，完成应用数据与统一通用业务帧之间的转换。

## 🌐 5.4.1 服务流程

通用业务管理服务依据应用业务管理服务（上层服务）发来的应用数据结构将其提取为数据、语音、短消息、图像、视频等通用数据类型，记录应用程序指向的Alpha网内目标IP和端口号，附带本节点的Alpha网内IP和端口号，此处的端口号是由应用程序生成的，所以可以作为应用程序接口的唯一入口和出口，而后数据本体和时间戳被打包为通用业务帧发送给通信网络管理服务（下层服务）；反向操作为上述过程的反过程。

通用业务管理服务按照应用业务内容提取数据类型，并将其传递给通信网络管理服务中的信息集成中间件等模块进行相应处理。通用业务帧结构约定如图5-13所示。

| 帧头 | 类型 | 源IP | 目标IP | 时间戳 | 长度 | 数据 |
|------|------|------|--------|--------|------|------|

图5-13 通用业务帧结构图

其中，"帧头"部分用于标识本帧为约定的通用业务帧，可在接收时判别该帧是否有效；"类型"部分用于存放应用数据类型，进而作为下层服务做网络管理的依据；"源IP"和"目标IP"标示Alpha网内源与目标指向，含应用程序的端口号；"时间戳"部分存放成帧的时间，可用于区分

多个相同类型、相同源的数据包；"长度"部分用于存放数据的字节数；
"数据"部分用于存放实际的应用数据本体。

### 🌐 5.4.2　服务接口

（1）与应用业务管理服务（上层）交互

通用业务管理服务使用进程间通信方式，与应用业务管理服务进行数
据交互。

（2）与跨域通信网络管理服务（下层）交互

通用业务管理服务使用进程间通信的方式，与跨域通信网络管理服务
采用通用业务帧进行交互。

### 🌐 5.4.3　软件流程

通用业务管理服务的软件流程如图5-14所示。初始化时需导入数据
类型优先级列表，并分配数据缓存区。成功初始化后，将开启两条独立线
程，作用分别为划分数据帧的数据类型、将数据帧按优先级统一封装并下
发给下层模块。

上述两个线程中，前者负责划分数据帧的数据类型，划分依据是上层
数据传来的端口号（初始化时，已将上层应用与本机端口号建立了映射关
系）。数据类型划分完成后，则可查表，获知本帧数据的处理优先级。后
者则负责处理数据帧，将其封装成带有标识信息的通用业务帧，并传递给
下层。处理时，高优先级的数据类型将被优先处理，而后是次一优先级的
数据类型，以此类推，直至所有优先级都被处理完成。将数据统一封装的
意义和优势在于，下层不必关心帧内的数据，只需对所有统一通用业务帧

进行一致处理即可。

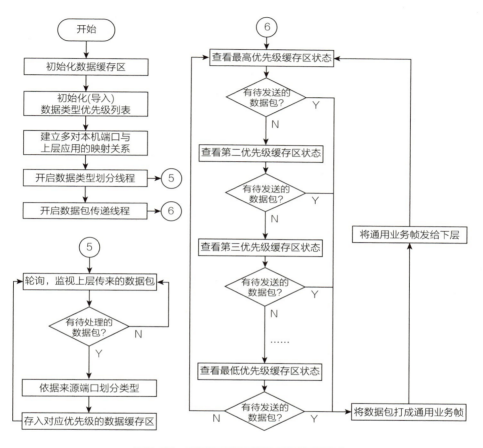

图5-14  通用业务管理服务软件流程图

# 5.5  应用业务管理服务

应用业务管理服务主要内容包括：为岸基海洋信息综合应用提供多业务订阅/发布管理服务，为海基多种感知应用提供感知数据接入管理，为特

殊业务数据安全传输提供区块链网关服务等，其中区块链网关服务详见第八章"海洋物联网区块链即服务"。

## 🌐 5.5.1　服务流程

应用业务管理服务接入应用业务层，依据业务特征进行通用业务管理服务的调用，其业务特征包括轮训间隔、周期、数据请求类型等。

岸基跨域通信管控中心提供的应用业务管理服务，对应用业务层进行订阅/发布管理，按照目标节点、订阅频率等进行业务订阅指令发布与订阅数据管理，集成用户操作界面，对应用数据进行监控。岸基云计算系统对应用业务层接入的数据进行处理和存储，它对应用数据进行本地/云存储，保障跨域管控网络的数据可靠性。

海基跨域通信管控节点提供的应用业务管理服务，对应用业务层的传感器感知数据进行数据接入管理，并完成相应的预处理，在预处理后，它将数据按对应通信端口发送至下层通用业务管理服务。

对于需要安全溯源管理的海洋感知数据，应用业务层调用区块链网关模块提供区块链服务。区块链网关模块作为一种特定的应用，提供应用数据的上链，与通用业务管理服务进行数据交互；上链以后的应用数据，只能通过调用区块链网关模块进行查询；区块链网关模块保障本网络的区块链功能的所有要素。

## 🌐 5.5.2　服务接口

（1）与通用业务管理服务（下层）接口

应用业务管理服务使用进程间通信方式，与通用业务管理服务进行数据交互。

（2）与应用业务层接口

应用业务管理服务能够提供应用业务数据的缓存，提供以太网、通用串行总线（USB）、串口等多种物理接口。岸基应用业务管理服务与应用业务层之间通过以太网接口以订阅/发布方式进行数据交互。海基应用业务管理服务通过以太网、USB、串口等接口接入应用业务层的传感器感知数据。

（3）与区块链网关模块接口

应用业务管理服务通过进程间通信方式与区块链网关模块进行数据交互，区块链网关模块上链等操作被作为数据应用纳入应用业务管理。

 ### 5.5.3　软件流程

我们以海基通信管控节点提供的应用业务管理服务为例说明软件流程，如图5-15所示。在应用业务层的传感器感知数据接入应用业务管理服务的过程开始之前，我们需预先设定应用数据与通信端口对应关系、分配数据备份存储区、驱动区块链服务模块。待成功识别、驱动外接传感设备后，开始对应用数据进行接收。收到数据后根据存储与上链需求，识别感知数据类型并进行相应的预处理。预处理完成后，将数据按对应通信端口发送至下层通用业务管理服务。

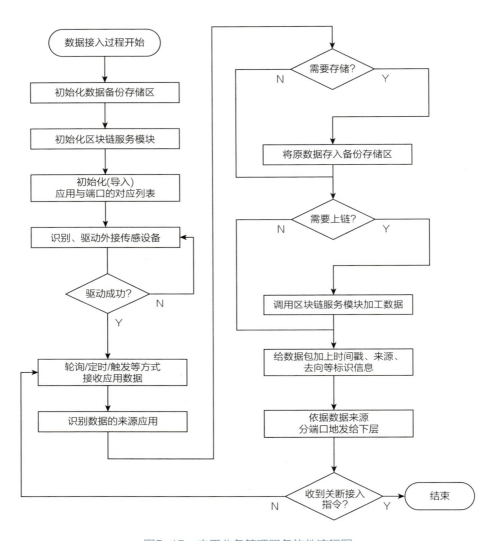

图5-15　应用业务管理服务软件流程图

## 5.6 跨域通信管理系统服务应用

海洋物联网跨域通信管理系统在空间部署上可分为岸基通信服务和海基通信服务两个部分，应用场景如图5-16所示。

岸基通信服务主要通过跨域通信管控设备岸基单元与通信服务管理设备实现，提供岸海多通信体制融合接入、岸海通信管理与运行维护等功能。跨域通信管控设备部署在岸基应用中心，通过4G/5G、北斗导航通信、卫星移动通信、卫星宽带通信、专网通信等多体制通信网络，接收汇聚来自多个海上固定或机动信息节点的感知信息，再通过岸基公网或业务应用专网传输至各类海洋业务应用节点。

海基通信服务通过跨域通信管控设备海基单元实现岸海跨域通信服务与海面水下跨域通信。跨域通信管控设备海基单元部署在多种形态的海上固定/机动信息节点。对于岸海跨域通信服务，海上信息节点首先对其获取的海洋生态环境质量监测、水文气象观测等海洋环境信息，以及雷达探测、光电探测、AIS接收、电磁频谱监测等海上目标信息进行多源感知信息预处理，预处理后的海上节点信息接入跨域通信管控设备海基单元，通过4G/5G、北斗导航通信、卫星移动通信、卫星宽带通信、专网通信等多体制通信网络，传输至跨域通信管控设备岸基单元。

对于海面水下跨域通信服务，水下节点将水下感知信息通过水声通信发送至海面节点，海面节点完成预处理后通过岸海跨域通信服务转发至岸基应用中心。海面水下跨域通信系统由网关节点、中心节点、普通节点三个层次构成，通常以海面浮标作为网关节点，潜标、UUV、水下滑翔机等作为中心节点和普通节点，如图5-17所示。其中，普通节点类似于陆上通信网络中的移动终端或固定电话，主要完成信息调制解调，并将信息向中

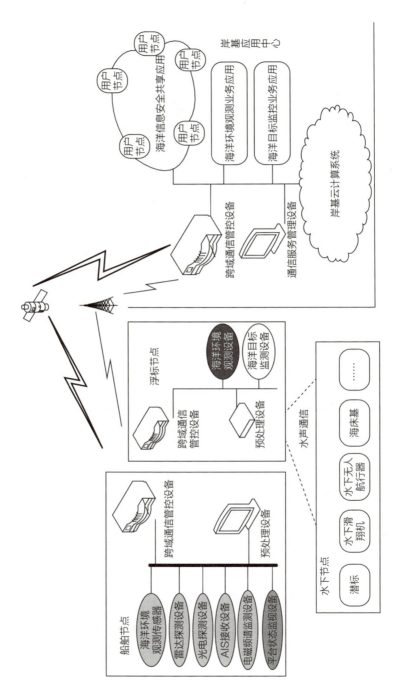

图5-16　海洋物联网岸海跨域通信服务场景示意图

心节点传递；中心节点类似于陆上通信网络中的局域综合交换设备，对覆盖区域内的普通节点进行信息汇总，并将信息向网关节点传递；网关节点类似于陆上通信网中的基站，对覆盖区域内中心节点信息进行汇总，并将信息向空基信息系统、天基信息系统、岸基信息系统进行传递，实现信息的跨介质传递。

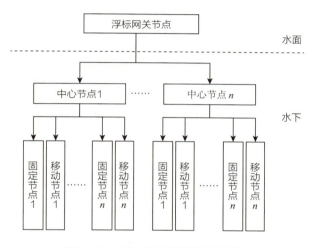

图5-17　海面水下跨域通信示意图

# 6

## 海洋物联网
## 应用支撑平台即服务

智能化海洋物联网
云服务体系及应用

海洋物联网业务应用所需的PaaS提供编程语言、库、服务以及工具等来构建应用，以下重点介绍海洋物联网应用支撑平台所包括的容器管理、信息集成中间件、三维GIS引擎、智能分析引擎等服务。

## 6.1　容器管理

容器管理通常由云计算平台厂商提供，基于云计算平台提供高性能可伸缩的容器应用管理服务。在云计算平台操作系统层上创建的容器共享下层的操作系统内核和硬件资源。每个容器可单独限制内存、CPU及磁盘容量，并且拥有单独的IP地址和操作系统管理员账户，可以关闭和重启。

容器是轻量级的云操作系统虚拟化，可以在一个资源隔离的进程中运行应用及其依赖项。运行应用程序所必需的组件都被打包成一个镜像并可以复用。镜像被执行时，运行在一个隔离环境中，并且不会共享宿主机的内存、CPU及磁盘。

# 6.2 信息集成中间件

　　海洋物联网信息集成中间件提供岸海多种通信网络信息的数据交换，屏蔽传输层细节，为上层的数据服务与应用服务提供统一和透明的海洋物联网数据接入与数据传输。

## 6.2.1　数据分发模式

　　海洋物联网信息集成中间件采用"发布–订阅"数据分发模式，以"微内核"为基础架构，以数据为中心，支持尽力传输策略、可靠性传输策略、大容量传输策略、高频传输策略等多种QoS服务质量策略以保障数据能够进行实时、高效、可靠、稳定、灵活地传输；运用内存池、线程池、消息队列等技术减少CPU占用率及内存使用等系统资源开销；使用QoS、协议的可扩展机制，使中间件具备满足各种分布式实时通信应用需求的扩展能力，同时提供报文异常检查、告警提示、日志记录等辅助功能。

　　中间件通过自主发现匹配机制，实现域以及主题的自主发现和匹配，以达到去中心化的通信目的。它通过网络传送服务实时发布订阅协议RTPS（Real-time Publish/Subscribe）发现相关联节点并进行匹配，与匹配的节点建立通信链路，根据所订阅的主题进行数据分发与接收。信息集成中间件工作原理如图6-1所示。

## 6.2.2　服务架构

　　海洋物联网信息集成中间件按照数据流向划分层次结构，包括运行平台层、协议扩展层、事件驱动核心层与组件扩展层四个层次，中间件服务架构如图6-2所示。

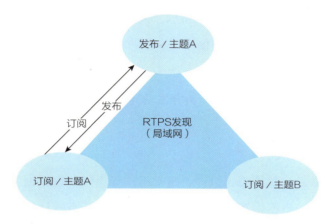

图6-1　信息集成中间件工作原理示意图

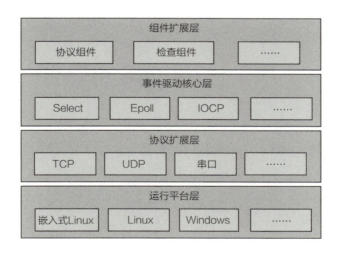

图6-2　海洋物联网信息集成中间件架构示意图

（1）运行平台层

运行平台层提供对软件运行环境的统一封装，为其他层提供运行支撑，支持嵌入式Linux、Linux、Windows等操作系统。

（2）协议扩展层

协议扩展层支持使用多种网络协议进行数据报文收发，包括常见的TCP（传输控制协议）、UDP（用户数据报协议）、串口等网络协议，此外，它还提供了网络协议扩展机制，能够使用其他类型的网络协议进行数据报文收发。

（3）事件驱动核心层

事件驱动核心层提供事件监听分发功能，支持Epoll、Select、IOCP等多种IO（输入输出）模型。

（4）组件扩展层

组件扩展层封装了协议组件、检查组件等组件，它根据协议组件自动解析协议结构，根据检查组件自动对协议结构进行有效性检查，根据工作线程负载情况将通过检查的协议结构投递给不同的线程队列。

# 6.3　三维 GIS 引擎

海洋物联网三维GIS引擎根据海洋物联网业务应用中相关的海洋活动与海洋环境可视化需求，提供实时动态的海洋空间三维可视化处理服务与可视化展现服务。国内多家单位如中科星图公司、西安恒歌公司、浙江大学等都研发了支持数字地球、数字海洋和智慧城市等应用的三维GIS引擎，本书在应用实践中采用了浙江大学的三维GIS引擎作为开发平台。

## 6.3.1　基础功能

三维GIS引擎适用于海洋物联网多种业务和应用场景，为用户进行可视化开发和使用提供服务，主要基础功能描述如下：

（1）支持海量多源三维数据的集成、编辑与管理

三维GIS引擎支持全球规模的海量多源动态数据，建立高效的数据库系统进行索引和查询，并支持分布式数据库，可适应以下多类数据：全球规模的高程/影像表达的地形数据，离线重构的航道、港口、导航物、航行物等大范围静态三维不规则网格模型数据，海洋测量点数据与实时传感器数据，洋流、潮汐、大气等各种海洋动态场数据，以及二维电子海图数据等。三维GIS引擎支持基于二维海图数据进行三维几何重建，可对多源时空数据进行统一的集成、编辑和管理。

（2）支持三维时空数据的高精度实时可视化

三维GIS引擎支持对全球规模的多源数据提供集成的高精度实时可视化，以满足用户仿真需求。包括：对全球规模高程/影像数据的实时多分辨率三维浏览；全球范围太字节（TB）级不规则三维模型实时可视化；经纬线和水深线等矢量线在高程/影像上的实时投射叠加；数据分层显示；二维电子海图显示；二维/三维电子海图的互相联动；三维空间文字标绘的自动避让显示等。

（3）支持典型海洋大气及水体环境仿真

三维GIS引擎支持构建海洋虚拟环境，并提供高质量的可视化工具，主要包括：云层效果、雨雪等天气、晨昏效果、星辰效果，海面风浪效果、潮汐计算，水下观察具有水体填充的光影效果，海底底质可视化，岛礁和近海海滩仿真等，如图6-3所示。

（4）支持海洋活动主体数字建模

三维GIS引擎支持海洋活动主体的数字化建模，包括海洋活动主体的三维物理模型、探测威力模型、运动模型、状态模型等，提供海洋活动主体的可视化表达，如图6-4所示。

图6-3　构建真实感海面

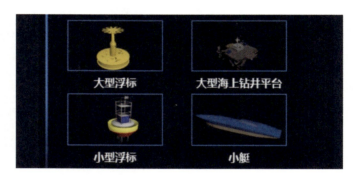

图6-4　海洋活动主体数字建模

（5）支持对矢量场、标量场体数据以及属性数据的可视分析

三维GIS引擎可对洋流、潮汐、大气等各种动态场信息中所蕴含信息进行直观展现，提供可视化分析，包括：支持直接体绘制，支持映射、分层、开窗、定位等操作，支持信息矢量化处理，如矢量线、面的提取及矢量线的合理分布，支持基于流线、纹理的流场稠密可视化，支持垂直剖面插值计算等。

（6）提供标绘、漫游、测量等基础工具

三维GIS引擎提供标绘工具、场景管理、标绘编辑、指北针、经纬网、鸟瞰图、路径漫游、影像管理、地名、测量工具、空间分析等基础工具。

（7）提供开放的数据接口

三维GIS引擎提供开放的数据接口，支持新数据类型的扩展。主要包括：为用户提供规范易用的、插件式的二次开发接口；封装各关键技术，用户可便捷地定制专业化的应用系统及数据服务；提供可视化支撑算法和工具库；支持用户友好性界面设计。

## 🌐 6.3.2 服务架构

三维GIS引擎服务提供了空天地海多维空间信息基础框架的数据承载与服务承载功能，服务架构如图6-5所示，包括数据层、平台层、支撑层和应用层。其中，数据层提供多源时空数据，平台层提供多源时空数据的管理和可视化表达，支撑层为各类海洋物联网业务应用提供所需的基础算法和工具，应用层面向业务用户和应用场景提供应用服务。

（1）数据层

数据层的主要功能是对海洋物联网多源时空数据进行过滤、预处理，融合多种形态的信息，形成可识别、可调用的有效数据。多源时空数据主要包括静态场景数据和实时动态数据，静态场景数据是由静态实体对象和相关的语义拓扑关系表达的三维地理空间数据，如海底地形数据、电子海图数据等；实时动态数据包括动态地理空间三维时空对象，如海洋中海浪、海流等动态矢量场的三维表达和海洋温度、盐度等标量场的表达等。

由于各种数据来源不同、分辨率不同、精度不同、描述形式不同、关注范围不同，数据层针对多源时空数据特征提取与预处理提供算法和工具，以及针对多源数据融合处理提供算法和工具等。数据层对于海图、地图数据，支持各种主流格式；对于图像视频数据，支持现有流行的各种压

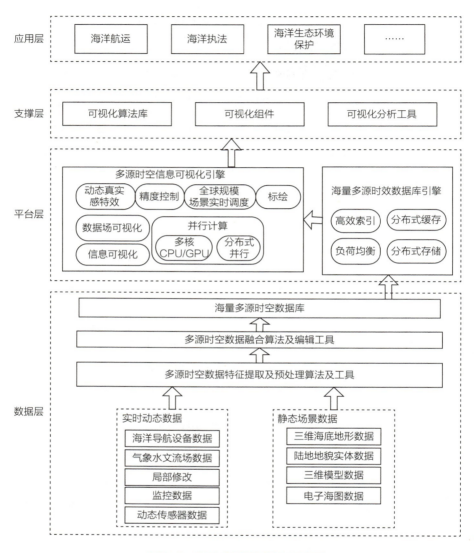

图6-5 三维GIS引擎服务架构图

缩和非压缩格式；对于各种专业数据，支持主流格式的读取；对于各类特殊的数据格式，提供接口读取或者转换工作。

（2）平台层

平台层的主要功能是多源时空数据的管理和可视化表达，可分为数据库引擎和可视化引擎两部分。数据库引擎负责海量数据的高效存储管理，为各类数据调度提供支撑；可视化引擎负责海量多源时空信息数据的实时可视分析，为基本的地理环境提供逼真的显示场景，同时为各领域、方向的显示提供底层支撑。

面对海量的数据，如何实现快速的检索、调用、组织、显示是十分重要的工作，这直接关系到最终用户体验的好坏。为获得良好的效果，必须建立高效的数据结构、调度机制和绘制策略，使各种操作都能获得及时的响应。浙江大学计算机辅助设计与图形学（CAD&CG）国家重点实验室开发的三维GIS引擎，面向海量复杂陆海空时变环境，基于海洋环境分析、海洋航运、计算机图形学、虚拟现实等关键技术，对大规模三维空间数据进行了实时高效局部多细节层次装载及自适应多级缓存，对所装载的局部复杂场景综合采取了包括场景简化优化、快速可见性计算、多线程计算、基于GPU的视域裁剪/遮挡剔除/细节层次（LOD）选择/细节生成、实例化和限时计算等综合可视化优化处理技术，实现了高精度模型的实时绘制、大范围景物的实时阴影、矢量和几何实时叠加显示、动态海面逼真绘制、实时动态光照及环境映照、实时星空绘制等一系列高效率高性能的可视化过程。

（3）支撑层

支撑层的主要功能是提供多种专业应用所需的可视化算法和工具。支撑层建立了适应多专业领域的算法库，构建了可视化组件和模板库，以提供便捷易用的可视分析工具。开发用户通过调用这些算法库、可视分析组件及工具，能够快速地开发专业应用。

三维GIS引擎为支撑海洋物联网多种业务的信息可视化，提供了大量的基础算法和专业算法，以支持海量异构数据的多尺度表达和自适应多分辨率可视化、数据空间到视觉空间映射的传输函数智能设计、数据分析与可视化耦合计算环境构建等需求。

可视化组件是在算法库的基础上，通过封装形成可以满足一定用户需求的功能模块。地理信息应用开发者或者可视化引擎的使用者可以通过组合可视化组件，构建用于处理某种可视化任务的应用。可视化组件易于扩展，能够简化应对各种不同需求的应用搭建过程。

针对特定业务的应用需求，结合业务知识，把可视化组件和算法封装起来可以建立能够完成一定程度可视化任务的应用模板。模板可以改善业务专家和普通用户的使用体验，使得用户能屏蔽烦琐的数据处理、可视化过程，用户只需关心输入的数据和可视化的结果即可。

可视化分析工具是使用可视化引擎搭建的、面向应用的一系列可视分析工具。可视化分析工具中包含针对具体领域的常见数据处理方法，它使用户可以方便地处理自己的数据，并将数据可视化表达出来，同时还具有对可视化结果进行定量分析的功能，用户可以通过对可视化结果进行定量的分析得到预期的结果。

（4）应用层

应用层的主要功能是为海洋物联网的业务应用提供服务。为降低业务用户的开发工作量，应用层提供了多种行业所需的通用功能，例如，二三维空间的对应显示功能；海洋气象领域所需的海水显示功能；海浪显示功能；温度场、流场显示功能；海洋航运领域所需的航线设置、按计划航线航行的仿真功能等。用户只要在此基础上增加专业所需的新功能，就可以在较短的时间内建立起功能强大的专业应用软件——窗口配置、工具栏配置、界面风格都可以根据各自的需求定制，形成独特的专业应用软件。

# 6.4 **智能分析引擎**

　　智能分析引擎用于构建海洋业务智能分析模型，主要功能包括数据管理、模型开发、模型训练、模型管理等。在数据管理中，用户可以上传原始数据集并进行管理，如果要将数据集用于模型训练，必须先对所上传的数据集进行如图像分类、目标检测等类型的数据标注；在模型开发中，基于某些常用深度学习框架，开发者可在线创建、编辑、调试、保存自己的算法，进而可以进行后续的模型训练工作；在模型训练中，开发者可使用标注完成的数据集以及开发完成的算法，在 CPU 或者 GPU 上进行多次反复迭代与参数调优训练，最终得到特定的结果模型；在模型管理中，开发者可将训练完成或自行上传的模型以版本形式进行存档、管理。智能分析引擎服务架构如图6-6所示。

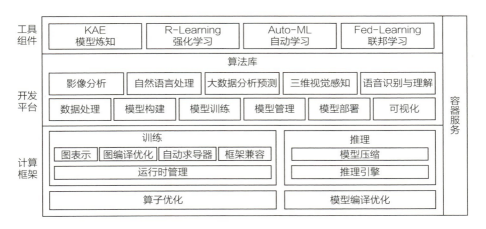

图6-6　智能分析引擎服务架构图

# 7

## 海洋物联网
## 岸海孪生数据即服务

智能化海洋物联网
云服务体系及应用

岸海孪生是指利用数字化、可视化、智能化等技术对海洋环境与海洋活动的特征、形成过程、行为、活动和性能等进行描述和建模的过程和方法。在数字孪生、虚拟现实等技术驱动下，岸海孪生使得人们在岸基应用中可以获得与物理世界中的海洋环境与海洋活动相互映射的虚拟模型，该虚拟模型可实时模拟物理实体在海洋环境中的活动、行为和性能，并通过虚实动态实时地传递信息，实现物理海洋空间与虚拟海洋空间的镜像孪生与虚实互动。岸海孪生数据包括海洋环境与海洋活动等物理实体、虚拟模型、服务系统的相关数据，领域知识及其融合数据，并随着实时数据的产生被不断地更新与优化[41]。

海洋物联网岸海孪生数据即服务以海洋大数据平台层为支撑，实现海洋数据引接、数据存储、数据分析和数据可视化等功能。海洋物联网岸海孪生数据即服务包括岸基云计算中心服务和海基信息节点边缘计算服务两部分。云计算服务把用户提交的任务分配到数据中心服务器集群所构成的资源池上，云系统根据需要来提供相应的计算能力和计算服务。云计算服务基于岸基海洋大数据平台，对大规模的结构化、半结构化和非结构化数据进行数据引接、融合处理、挖掘分析以及智能应用。边缘计算服务提供基于海上信息节点的数据预处理、数据二次加工与数据实时分析等功能，它被部署在靠近数据源头的一侧，将数据服务需求在边缘端解决，采用集网络、计算、存储、应用核心能力于一体的计算平台，提升处理效率，减轻云端负荷，为海洋物联网业务应用的更快响应提供支持。

# 7.1 海洋大数据平台

## 7.1.1 海洋大数据

海洋物联网在其广泛的海洋观测监测体系中汇集海量的海洋自然科学数据，包括现场观测监测资料、海洋遥感数据、数值模式数据等，形成海洋自然科学类大数据。同时，海洋信息化技术高速发展，也促进了海洋管理、海洋经济、海洋文化、海洋安全等海洋社会科学类数据的快速积累，形成海洋社会科学类大数据。海洋自然科学类大数据和海洋社会科学类大数据构成海洋大数据，具有海量（volume）、多样（variety）、快速流转（velocity）和高价值（value）的"4V"特征[42]。

我国是海洋大国，海洋是经济社会发展的重要依托和载体，海洋权益需要不断加以拓展和维护。对海洋大数据进行高效管理和充分的价值挖掘，为海洋环境预报、海洋防灾减灾、海洋作业生产、经济政策制定等提供优质的信息服务和决策支持，是未来海洋领域发展的一个主要方向。在海洋管理、海洋资源开发、海洋环境预报、海洋经济发展、海洋权益维护等诸多方面，海洋大数据将扮演越来越重要的角色。

## 7.1.2 大数据平台服务架构

国内的大数据平台主要基于Hadoop开源工程构建，Hadoop源自谷歌公司的一个MapReduce编程模型包，该框架可以将一个复杂的程序分解成多个并行计算的指令，这些指令可以通过大量的分散的计算节点进行海量数据集的计算。Hadoop成本较低且具有显著的可靠性、可扩展性、容错性、低成本等，迅速发展成领先的大数据平台。Hadoop软件框架通过一种弹性、可靠、高效的方式对海量数据进行分布式处理，其分布式架构将大数据处理引擎尽可能地靠近存储，从而使数据提取、转换和装载有了便捷的优势。

海洋物联网大数据平台以云计算平台为支撑，为海洋业务应用提供多样化数据服务。云计算平台为大数据平台提供了强大的基础设施、开发工具和软件应用等资源，为快速构建大数据服务提供了技术支撑。

海洋物联网大数据平台服务架构如图7-1所示，底层的云计算平台为大数据平台提供基础设施服务，大数据平台提供适应海量数据存储、处理、分析的相关计算与软件支撑，向上层业务提供数据应用服务[43, 44]。

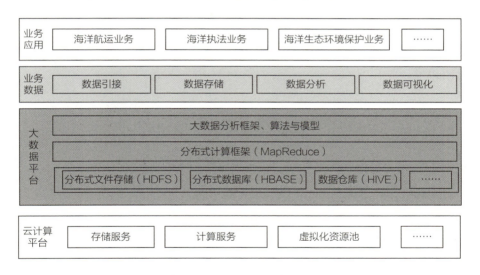

图7-1　海洋物联网大数据平台服务架构框图

海洋物联网大数据平台的核心是分布式存储与分布式并行计算，典型的技术是Hadoop+MapReduce。其中Hadoop的分布式文件系统（Hadoop Distributed File System，HDFS）作为大数据存储框架，能够满足对超大规模数据集进行可靠存储并对应用程序提供高速输入输出数据流的需要。Hadoop的Hbase是分布式NoSQL列式数据库，可以实现对相关数据的列式

存储。Hive可将结构化的文件数据映射为相应的数据表，是Hadoop的数据仓库工具，能够提供基本的数据查询功能，可将SQL语句转换为相对应的MapReduce任务运行。

MapReduce作为大数据分析处理的并行计算框架，将大数据任务分解为多个子任务，再将得到的各个子结果组合并成为最终结果。MapReduce包含Map函数和Reduce函数。Map函数负责将输入域中的一组数据转换为对应的一个键/值对列表，Reduce函数负责接收Map函数生成的键/值对列表，并根据给定的键缩小列表。

大数据分析框架是插件式框架，提供大数据分析算法、工具与模型，以及人工智能平台支撑等，具备灵活的组件管理和扩展功能。大数据分析框架为海洋物联网业务智能应用提供支撑，如机器学习、数据挖掘、预测性分析等。

# 7.2　数据引接

数据引接实现对海量的结构化、非结构化数据的全面采集及预处理，保证数据在采集交换的过程中不丢失、不失真、安全高速流转，是大数据平台数据层的重要环节，发挥着承上启下的关键作用。多源涉海数据引接服务提供海洋物联网业务应用相关的各类实时数据、历史数据、基础数据、卫星遥感数据和各类设备状态数据的汇集和处理。多源数据引接服务通过各个数据引接模块从各类数据源进行数据采集并进行抽取—转换—装载（Extract–Transform–Load，ETL）处理，多源数据引接架构如图7-2所示。

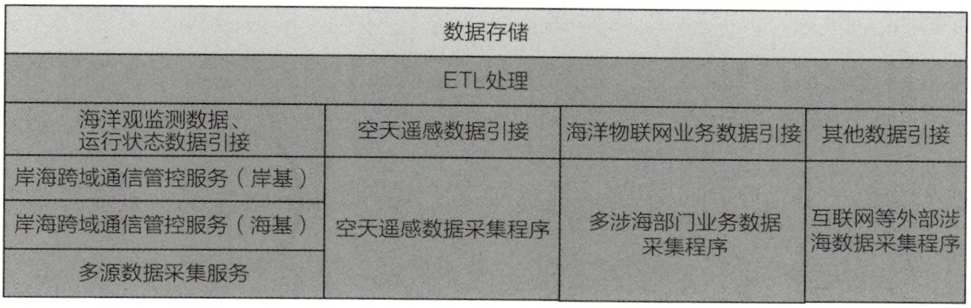

| 数据存储 | | | |
|---|---|---|---|
| ETL处理 | | | |
| 海洋观监测数据、运行状态数据引接 | 空天遥感数据引接 | 海洋物联网业务数据引接 | 其他数据引接 |
| 岸海跨域通信管控服务（岸基） | | | |
| 岸海跨域通信管控服务（海基） | 空天遥感数据采集程序 | 多涉海部门业务数据采集程序 | 互联网等外部涉海数据采集程序 |
| 多源数据采集服务 | | | |

图7-2　海洋物联网多源数据引接架构图

ETL处理是大数据平台构建过程中的重要环节，大数据平台需要从数据源采集抽取出所需的数据，然后经过一系列的数据清洗及转换，最终按照规定的数据存储模型将转化好的数据装载到大数据平台中去。ETL技术常用于数据仓库中，实现数据从数据来源端经过抽取、转换、装载到最终目标端。其中，抽取是数据仓库构建的基础，是将各种数据从其原始的源业务系统中读取出来的过程；转换是数据仓库构建的保障，是对抽取所得到的数据按照规定好的转换规则进行转换，实现数据格式的统一化；装载是将抽取的并经过数据转换的数据按要求部分或全部导入数据仓库中。ETL不仅包含数据抽取、转换、装载等工作，还有日志控制、数据模型、原数据验证以及数据质量管理等工作。

海洋物联网数据服务根据不同业务的用户需求，以及数据敏感度与特殊性等，对数据类别进行分级，按照数据级别建立统一的海洋大数据共享开放分级标准规范和数据接口规范，推动海洋大数据资源梳理、整合，建立业务联动的大数据资源积累机制，支持实现跨部门用户之间的海洋数据资源共享，使得数据开放水平进一步提高。

针对涉海、涉渔、涉港、涉船等海洋有关的数据进行基础库建设，可逐步形成集活动目标、地理空间、气象水文、海洋数据、港口物流、船舶基础和航行、海洋经济、行业用户等数据于一体的海洋基础数据库、海洋

专题库、渔业专题库、元数据库、海洋活动数据库以及其他数据库等主题库。通过数据标准制定、元数据采集和分析、数据质量监控规则部署等方面着手，解决数据生产、数据采集、数据整合、数据加工、数据应用等数据生命周期各个环节的问题，规范海洋主数据相关信息标准，有效管理数据资产，提升数据的可用性，充分发挥数据价值。

# ▶ 7.3 数据存储 ◀

海洋大数据平台需要满足多类型涉海业务场景的处理需求，以及对海量多样性数据的存储需求，其中多样性数据包括结构化、半结构化、非结构化数据存储。海洋大数据的存储及管理是进行分析挖掘、可视化及知识发现的基础，海洋大数据平台针对不同数据的使用热度以及体量的不同，设计有不同的数据存储机制，其基本理念为：采用分布式存储系统实现海量数据的存储，突破存储瓶颈；使用分布式内存数据库实现高热度数据的高并发高频率访问；使用列式文件存储陈旧历史数据；使用关系型数据库实现指标数据的管理。因此海洋大数据存储支持并行数据库存储、分布式文件系统、全文检索库、内存数据库、图数据库以及列数据库。

海洋大数据存储管理可采用谷歌公司的GFS和BigTable技术，或者开源Hadoop的HDFS和HBase技术。在海洋物联网业务应用中，海洋大数据平台采用Hadoop的HDFS和HBase技术，依据Hadoop体系结构实现海洋物联网结构化和非结构化数据存储。

（1）HDFS

分布式文件系统HDFS具有自动冗余、扩展性好等特征，它能够支撑高吞吐量的数据访问，是一个具有高度容错性的系统，非常适合在大规模数据集上使用，适合部署到X86等低成本、一般配置的硬件上，可作为数据服务平台存储的基础。在HDFS之上可采用HBase、Hive等分布式数据库或数据仓库产品为应用系统提供面向SQL或类SQL的数据接口。HDFS主要有两个类节点:NameNode和DataNode，节点架构如图7-3所示。

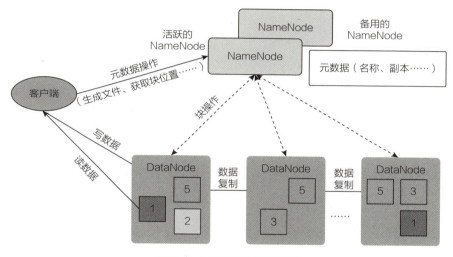

图7-3 HDFS节点架构[45]

其中，NameNode负责管理元数据，为保证HDFS存储服务的高可靠性，防止Namenode单点故障，系统要始终有一个热备的NameNode存在；DataNode负责数据存储以及响应数据读写请求，Client与NameNode进行交互，完成文件的创建、删除、寻址等操作，之后与DataNode交互，进行文件读写。

（2）Mysql

海洋大数据平台的海洋物联网业务应用元数据、主数据、运维数据等底层数据主要采用关系型数据库Mysql进行存储，可以满足与原有专业系统数据进行交换和联合查询的需要。关系型数据库作为分布式文件系统与分布式数据库的补充和强化，可以满足各类基础结构化数据的存储需求。

（3）Hive

Hive是建立在Hadoop上的数据仓库基础架构，海洋大数据平台参照该架构，基于由数据引接服务集成的海洋物联网数据，构建了包含多种主题域的数据仓库。该平台根据不同级别、不同类型用户对于海洋物联网数据管理及挖掘分析的实际需求，构建了多角度、多维度的数据集市，为开展基于大数据的挖掘分析提供主题数据基础。

（4）HBase

对于海洋大数据平台的非结构化数据和半结构化数据，例如空天遥感图像、水声音频、光电视频、涉海业务报告等，海洋大数据平台主要采用分布式数据库HBase进行存储。HBase可以解决关系型数据库在处理海量数据时的局限性，满足海量数据的联机事务处理（OLTP）类秒级检索查询和联机分析处理（OLAP）类高速数据分析应用需求。HBase由管理服务器（HMaster）与多个数据服务器RegionServer 组成，架构如图7-4所示。HMaste负责平台中表的创建、删除和维护以及Region的分配和负载平衡；Region Server主要负责管理维护Region以及响应读写请求。Client与HMaster进行有关表元数据的操作，之后直接读写Region Server。

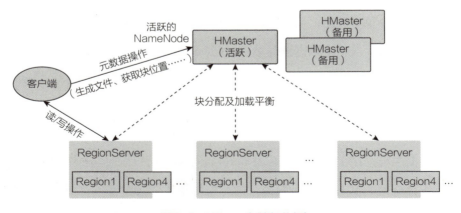

图7-4　HBase存储架构[45]

海洋信息节点感知数据、卫星遥感数据、基础数据等经过数据引接完成数据清洗、格式转换等，按照统一数据格式进行存储与管理。海洋大数据平台还会建立数据仓库，数据目录，进行数据分类和管理，方便搜索、读取、写入。

# 7.4 数据分析

海洋大数据平台根据海洋数据特点和各类海洋应用需求，对数据进行集成、建模、计算和挖掘，形成不同层次结构的应用专题库。大数据平台通常集成多种计算引擎，提供丰富的机器学习算法，可在同一份数据集上运行多种计算引擎，实现高性能数据挖掘分析。在海洋物联网数据应用中，由于数据的多源异构性，进行数据挖掘分析的首要工作是进行数据融合，在一定程度上排除冗余与噪声、降低不确定性，提高信息的精确度和可靠性等。

## 7.4.1 海洋多源异构数据融合处理

### 7.4.1.1 多源数据预处理

多源数据预处理就是在对数据进行融合及挖掘前，清除原始数据集中存在的噪声、缺失以及不一致数据。数据预处理工作可以修正噪声数据，清除多余数据，规范数据格式，以维护数据的质量。数据预处理流程包括：数据清洗、数据集成、数据转换和数据规约。如果首次预处理结果

与预期结果不相符，还要进行第二次数据预处理。多源数据预处理流程如图7-5所示。

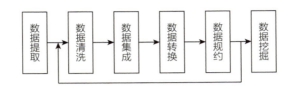

图7-5　海洋多源数据预处理流程

（1）数据清洗

数据清洗工作主要针对不完整、不一致、含噪声或冗余的数据进行处理。对不完整和不一致的数据，可以在不影响数据挖掘的前提下直接删除，也可以使用现有数据推测某个相对准确的值对其进行填充。噪声数据往往存在着错误，通常采用分箱法、回归法、聚类法等进行平滑处理。冗余数据存在重复记录，对数据挖掘工作无影响的情况下可直接删除。

（2）数据集成

数据集成是将来自多个数据源中的数据，形成一个完整的数据集，消除数据的不一致和冗余。在数据集成的过程中，主要考虑以下问题：

1）模式匹配问题：数据模式不一致，主要指名称不一致、数据类型不一致以及约束不一致等。

2）冗余问题：数据库中的某个属性可由其他属性导出时，即属性冗余；另外也存在元组的冗余，即一行记录多次出现。

（3）数据转换

数据转换是为满足数据挖掘的需要，对原始数据进行规格化操作使其符合数据挖掘的格式，主要操作包括：

1）数据聚集：数据汇总和聚集操作。

2）数据泛化：使用分层技术，利用抽象的高层次的概念来替换低层次的原始数据。

3）属性构造：构造新的属性并添加到属性集中。

（4）数据规约

数据规约是在保持源数据完整的前提下，将无关的属性去除掉，规约后的数据集比原始数据集小得多，但最大限度地保留了原始数据的完整性。数据规约显著提高了数据挖掘的效率，而且其结果在最大程度上与从源数据挖掘的结果近似。数据规约的方法主要包括：维规约、数值规约、数据压缩和概念分层等。

### 7.4.1.2 多源异构数据融合

海量的多源海洋数据被实时地传输到岸基中心，但由于传感器部署位置、搭载平台、探测角度、信息分辨率、探测周期等不同，造成多源信息中存在错误信息、虚假信息，以及存在不一致、矛盾信息。这造成了对多源信息利用的不便以及效率低下。同时，海量的多源异构信息蕴含了大量的、人们事先未知的知识，为了提升多源异构信息的利用率，最大程度地发挥海量多源异构信息的价值，我们需要利用多源信息融合技术消除多源数据之间的冗余性，提升多源信息的准确性。

海洋多源异构数据融合处理可分为3个层次：数据级融合、特征级融合、决策级融合。根据信息递减原理，对于接近于信源的数据融合应当具有较高的精度。数据级融合的精度要高于特征级融合的精度，特征级融合的精度要高于决策级融合的精度。

（1）数据级融合

数据级融合是最低级的数据融合，用来处理同质数据，它是对传感器采集到的信息进行直接的融合处理，融合完成的结果被用于特征的提取和决策判断。这个融合处理的方法的优势是：数据量损失少，可以提供其他融合层不能提供的细微的信息，精确度高。数据级融合结构如图7-6所示。

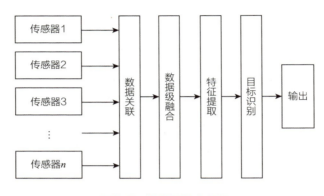

图7-6　数据级融合结构

（2）特征级融合

特征级融合的方法是从各传感器所采集的原始数据中抽取出一组特征信息，接着对各组特征信息进行融合，一般包括如下三个步骤：

1）将设定含有量纲的属性映射到[0,1]区间，以产生无量纲的量，这个无量纲的量被用到映射各个属性的信任度中。

2）按照特定的融合规则对反映各个属性信任度进行信息融合，得出能够反映各备选方案的信任度的量化结果。

3）根据融合的结果做出决策。

特征级融合结构如图7-7所示。

（3）决策级融合

决策级融合是数据融合中的最高层次，是把来自传感器数据经过预处理后对被测目标进行独立决策，随后将各独立的决策进行信息融合，最终所获得的决策结果具有整体上的一致性。决策级融合结构如图7-8所示。

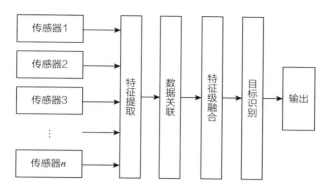

图7-7　特征级融合结构

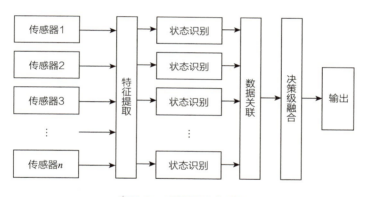

图7-8　决策级融合结构

## 🌐 7.4.2　海洋大数据挖掘

海洋大数据平台通常为数据分析服务提供数据挖掘工具和挖掘算法，包括属性选择、分类预测、回归预测、聚类分析、关联分析等大类。为适应不同业务数据的特点，对同一个数据挖掘功能，通过多种算法进行实现，例如"分类预测"有决策树、分类回归树、支撑向量机分类、神经网络分类、贝叶斯网络、朴素贝叶斯、逻辑回归、分类组合模型等算法可供用户选用。

海洋大数据的挖掘分析具有实时性、智能化、高维度等特征。

（1）实时性

随着海洋大数据生成的自动化以及生成速度的加快，人们对实时性要求越来越高，在海洋自然灾害及紧急事件处理时能及时反馈指导信息将变得至关重要。并行计算是实时计算解决的重要途径，然而以MapReduce为代表的典型的并行计算模型并不适合于直接处理海洋数据。并行计算需与海洋数据数据分析挖掘方法结合，才能加速海洋知识发现过程，如研究人员通过将传统的中尺度涡旋识别方法与并行计算结合，识别速度提高约100倍。

（2）智能化

针对大规模海洋数据，挖掘过程需要大量自动化辅助有效分析。这就要求计算机能够一方面理解数据在结构上的差异，另一方面理解数据的语义。对于海洋大数据挖掘，设计一个好的分析模式非常重要，而这需采用人工智能领域的多种智能算法。

（3）高维度

随着海洋数据维度的不断提高，需要在传统海洋挖掘算法的基础上，针对海洋数据高维度多变量、类型复合且相互交织的特点，进行高维多变量联合分析，挖掘海洋数据特征和价值。

# ▶ 7.5  基于三维 GIS 引擎的海洋数据可视化 ◀

海洋数据可视化以海洋物联网云服务架构PaaS中的三维GIS引擎为支撑，通过对海洋活动和海洋环境的三维数字建模，提供海洋物联网数据可视化服务。

## 🌐 7.5.1　数字对象

为满足海洋物联网数据可视化服务需求，基于三维GIS引擎基础功能，设计面向应用的数字对象，方便用户通过调用数字对象构建出丰富的海洋物联网可视化应用。在三维GIS引擎中，所有的物体都是Node，数字对象（Render Object）均继承于Node，数字对象结构设计如图7-9所示。

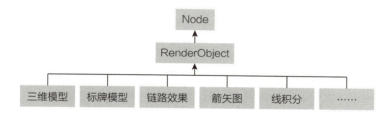

图7-9　基于三维GIS引擎的数字对象层次结构

（1）Node

三维GIS引擎中的所有物体都是Node，所有节点位置相关的计算都封装在Node中，因此所有物体都有表达位置属性的能力，并且可以设置层次结构关系，一个节点做移动、旋转平移变换，则它的所有子节点都会同步进行变换，另外一个节点可以设置相对于父节点的相对变换，这样可以在复杂空间变换时，为设置相对位置，把多个数字对象组装成一个统一的对象提供便利。基本的接口设计如下：

```
/**
* @brief　设立父节点
*/
void setParent（Node* node）;
void setWorldParent（Node* node）;
inline Node* getParent（）const { return parent; }
```

```
/**
 * @brief   添加子节点
 */
void addChild（Node* node）;
int getNumChild（） const;
Node* getChild（intnum） const;
/**
 * @brief   移除子节点
 */
void removeChild（Node* node）;
void addWorldChild（Node* node）;
void removeWorldChild（Node* node）;


/**
 * @brief   设置变换矩阵
 */
void setTransform（const VirtualGlobeRender::mat4d&trans）;
void setWorldTransform（const VirtualGlobeRender::mat4d&trans）;


/**
 * @brief   获取变换矩阵
 */
inline const VirtualGlobeRender::mat4d & getTransform（） const
{ return transform; }
inline const VirtualGlobeRender::mat4d & getWorldTransform（） const
```

{ return world_transform; }

    inline const VirtualGlobeRender::mat4d & getIWorldTransform（）const

{ returni world_transform; }

```
/**
* @brief   获取可见和阴影标志
*/
int is_visible（）const;


/**
* @brief   获取启用标志
*/
void setEnabled（int enable）;
int isEnabled（）const;


/**
* @brief   设置名字和数据相关
*/
void setName（const QString& name）;
const QString& getName（）const { return_name; }
/**
* @brief   序列化与反序列化
*/
virtual void fromJson（const QJsonObject& obj）;
virtual voidt oJson（QJsonObject &obj）;
```

（2）RenderObject

在三维GIS应用中，所有的可见对象都是通过绘制呈现给用户的，绘制时所有的对象都需要空间位置信息。因此三维GIS引擎通过设计抽象的RenderObject为所有可见对象提供了绘制接口，同时，RenderObject继承于Node类，所以具有空间表达能力，基本的接口设计如下：

/**

* @brief　获取绘制单元信息

*/

virtua lin tgetNumSurfaces（）= 0;

virtua lin tfindSurface（const QString & sname）= 0;


/**

* @brief　获取包围球信息

*/

virtual const VirtualGlobeRender::BoundSphere&getBoundSphere（）= 0;

virtual const VirtualGlobeRender::BoundSphere&getBoundSphere（int surface）= 0;

/**

* @brief　可见性查询

*/

virtual int getCollision（const VirtualGlobeRender::BoundFrustum &bf, std::*vector*<int>&csurfaces）= 0;


/**

* @brief　绘制接口

```
*/
virtual void render（int pass, int surface）= 0;
virtual void render（）= 0;
```

```
/**
* @brief  材质接口
*/
virtual Material* getMaterial（int surface）= 0;
virtual Material* getCloneMaterial（int surface）= 0;
virtual void setMaterial（int surface, Material* mtl）= 0;
```

```
/**
* @brief  序列化与反序列化
*/
virtual void fromJson（const QJsonObject& obj）;
virtual QJsonObject toJson（）;
```

（3）三维模型

在三维GIS应用中通常需要加载静态三维模型来精细化地描述三维应用环境，如：建筑、人物、汽车、飞机、船舶等，因此三维GIS引擎为三维静态模型的加载、管理、绘制包装了一个可绘制类型，MeshObject，以下是接口设置：

```
/**
* @brief  设置模型加载路径
*/
bool setObjbinMesh（const QString& meshDir）;
```

```
/**
 * @brief  获取绘制单元信息
 */
virtual int getNumSurfaces（）;
virtual int findSurface（const QString& sname）;
/**
 * @brief  获取包围球信息
 */
virtual const VirtualGlobeRender::BoundSphere&getBoundSphere（）;
virtual const VirtualGlobeRender::BoundSphere&getBoundSphere（int
surface）;
/**
 * @brief  可见性查询
 */
virtual int getCollision（const VirtualGlobeRender::BoundFrustum &bf,
std::vector<int>&csurfaces）;
/**
 * @brief  绘制接口
 */
virtual void render（）;//render全部surface
virtual void render（int pass, int surface）;
/**
 * @brief  材质接口
 */
virtual Material* getMaterial（int surface）;
```

```
virtual Material* getCloneMaterial（int surface）；

virtual void setMaterial（int surface, Material* mtl）；

/**

* @brief  序列化与反序列化

*/

virtual void fromJson（const QJsonObject& obj）；

virtual QJsonObject toJson（）；
```

## 7.5.2　海洋活动主体数字建模

海洋活动主体的主要对象包括典型船舶、浮标、水下平台等海洋主体及其搭载的雷达、声呐、光电、AIS等目标探测设备，对其进行数字建模的类型包括三维物理模型、威力模型、状态模型、运动模型等。

其中，物理模型描述平台外部形态、结构与空间关系；威力模型描述平台搭载的各类载荷的感知、通信能力；状态模型描述各系统的运行状态等信息；运动模型描述海洋活动主体的姿态、运动要素、航行轨迹等特征。上述模型通过数字驱动的二/三维模型动态呈现，支撑实现海洋态势生成与仿真，实现基于三维GIS的海洋态势可视化。

### 7.5.2.1　海洋主体物理模型

海洋主体的物理模型通常是预先建立的静态三维模型，通过三维几何数据以及纹理图片数据构建表达海洋主体的外观形态，海洋主体的物理模型以文件组织的方式管理，并且以海洋主体名称命名保存在模型库文件夹下面，系统启动时读取模型库中的海洋主体物理模型，提供给预案等功能使用，海洋活动主体模型的文件组织管理如图7-10所示。

| 📁 大型海上钻井平台 | 2021/1/14 15:07 |
| 📁 飞艇 | 2021/1/14 15:07 |
| 📁 浮台 | 2021/1/14 15:07 |
| 📁 海底接驳盒 | 2021/1/14 15:07 |
| 📁 集装箱货轮 | 2021/1/14 15:08 |
| 📁 舰船 | 2021/1/14 15:08 |
| 📁 民航客机 | 2021/1/14 15:08 |
| 📁 水面无人艇 | 2021/1/14 15:08 |
| 📁 水下滑翔机 | 2021/1/14 15:08 |
| 📁 通用雷达 | 2021/1/14 15:08 |
| 📁 通用潜艇 | 2021/1/14 15:08 |
| 📁 通用运输船 | 2021/1/14 15:08 |
| 📁 卫星 | 2021/1/14 15:08 |
| 📁 小艇 | 2021/1/14 15:08 |
| 📁 小型浮标 | 2021/1/14 15:08 |
| 📁 中型浮标 | 2021/1/14 15:08 |
| 📁 综合补给船 | 2021/1/14 15:08 |

图7-10　海洋活动主体模型的文件组织管理

海洋主体物理模型的主要功能包括：支持通过页面加载.gltf、.glb等格式的二/三维模型文件，支持用鼠标点取或通过坐标输入，来部署物理模型于空中、海面、水下的不同位置，支持通过页面设置参数，支持调整物理模型的姿态、尺寸、显隐等。海洋主体物理模型的绘制通过MeshObject实现，海洋主体物理模型的绘制效果如图7-11所示。

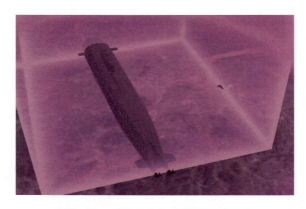

图7-11　海洋主体物理模型绘制效果

### 7.5.2.2 海洋主体控制功能

海洋主体的物理模型是通过MeshObject实现的，而MeshObject继承于Node，因此对于海洋主体的控制主要通过Node的接口实现。Node提供的setTransform ( )函数可以设置节点模型变换：

_mesh->setTransform (mat4d::translate (_startPos) *mat4d::scale (vec3d (100000, 100000, 100000) ) )；

海洋主体控制效果如图7-12所示。

图7-12　海洋主体控制效果

### 7.5.2.3 海洋主体威力模型

海洋主体的威力模型主要功能包括：支持选取某物理模型或某坐标作为威力模型的原点，然后通过加载二/三维图形文件形成探测威力可视化模型；支持呈现二维圆形、扇形，三维扇形、圆柱形、球形等常见模型，可通过页面配置模型参数，包括半径、尺寸、开角、扫描速率、颜色、透明度等。海洋主体的威力模型设计类似物理模型，都是通过MeshObject实现的；它与物理模型的主要区别在于绘制材质的不同。

#### 7.5.2.4　海洋主体运动模型

海洋主体的运动模型主要功能包括：支持选取某物理模型作为运动主体；支持鼠标顺序选取或输入多个连续坐标，设置运动路径；支持通过时间点选取或输入速度信息，设置运动速度，对于空中、水下运动主体，可输入高程和深度信息；支持三维运动模式；支持运动倍速快进、暂停、停止等功能；支持时间轴的显示及修改，可将已有插件进行适配使用。根据功能描述海洋主体的运动模型可以通过连续设置Node的矩阵实现。

#### 7.5.2.5　海洋主体状态模型

海洋主体的状态模型主要以标牌方式实现。标牌（billboard）是一个始终面朝相机的二维图像框，通常用于在三维世界中显示二维信息。在海洋物联网三维GIS应用中，它可用于展示三维船舶、浮标海洋主体的状态信息、各类传感器信息，等等。海洋主体状态模型效果如图7-13所示。

图7-13　海洋主体状态模型效果

#### 7.5.2.6　海洋主体通信链路模型

海洋主体通信链路模型通常用来可视化地表达起点终点关系、连接关系、配对关系等，在三维GIS应用中被大量地用于表达对象与对象之间的通信关系。三维GIS引擎包装了链路模型处理起点终点设置、自适应弧度计算、动态绘制效果等工具。

### 7.5.2.7　海洋主体三维态势展现

三维GIS引擎能够接入海洋多源目标数据并提供多样化呈现，针对格式转换后的海洋目标数据，例如AIS接收数据、ADS-B接收数据、雷达探测数据、声呐探测数据、卫星遥感数据等，提供海洋目标三维态势实时可视化表达。

以海洋主体中的浮标为例，三维态势展现设计如下：先获取浮标状态数据；然后将数据转换并计算成为三维模型渲染所需的数据；最后将实际物理世界的真实运行数据反馈到虚拟物体中呈现给用户。

为了用户能方便地查询海洋物联网应用场景中海洋主体的运行状态，及其搭载感知设备获取的数据等，三维GIS引擎提供场景物体的拾取功能，用户可以通过鼠标点击的方式，直接查询场景物体的相关信息。场景物体的拾取查询如图7-14所示。用户通过点击场景中的浮标，可查询浮标相关信息如缩略图、位置、目前探测的数据等。

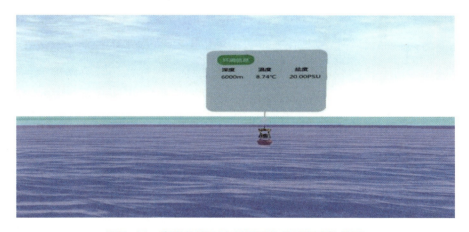

图7-14　海洋物联网应用场景物体拾取查询效果

### 🌐 7.5.3　海洋环境数据可视化

海洋环境数据可视化用于展示温度、盐度、密度、风场、洋流等数据，在这些物理特征中，温度、盐度、密度等属于标量场，即空间采样位置上记录单个标量的数据场，可以通过等值线（如等温线）、等高面切片（如海洋表面温度）、等值面（如三维等温面）、体（如所有等高面上温度组成的三维数据场）等进行可视化。风场、洋流等属于矢量场，即空间采样位置上记录了矢量（沿地球表面经纬度方向两个标量值）的数据场，可以通过箭头、线卷积纹理、各种轨迹线技术直观再现海洋风浪、海水流动等。

#### 7.5.3.1　标量场可视化

温度、盐度、密度等标量场可以采用线、面和体三种方式进行可视化。

（1）等值线技术

海洋数据中的等温线、等盐线等可以通过等值线提取技术进行可视化，帮助分析海洋中温度和盐度等变化情况。等值线提取是可视化二维空间标量场的基本方法。在每一等高面/每层上，假设 $f(x,y)$ 是在经度为 $x$ 和纬度为 $y$ 的数值，等值线是在二维数据场中满足 $f(x,y)=c$ 的空间点集按一定顺序连接而成的线。值为 $c$ 的等值线将二维空间标量场分为两部分：若 $f(x,y)<c$ 则该点在等值线内；相反，若 $f(x,y)>c$，则该点在等值线外。

（2）等高面数据颜色映射技术

同一海拔高度上的切片数据或数据层可以通过颜色映射技术，通过色彩差异传递数据的全局空间变化规律和趋势。颜色映射通过将每一标量值与一种颜色相对应，构建一张以标量值作为索引的颜色映射表。当屏幕映射空间大于原始二维数据空间时，离散的二维空间标量场需要采用插值算法重建相邻数据点之间的信号，再将插值得到的数值映射为颜色。

（3）等值面技术

所有高度上的切片数据组成了一个与地球表面相匹配的三维体数据，三维等温面和等盐面等可以通过等值面技术进行提取，显式地获得特征的几何表面信息，并采用面绘制技术直观地展示特征的形状和拓扑信息，以便用户观察温度等在海洋中的三维分布情况。等值面提取指从三维标量场中抽取满足给定阈值条件的网格曲面，即抽取满足 $f(x,y,z)=c$ 的所有空间位置（$x,y,z$ 为空间位置，$c$ 为给定的标量阈值，如等温值）并将其重建为三维连续的空间曲面，称为等值面。

（4）直接体绘制技术

海洋温度、盐度、深度等三维体数据无须提取中间几何图元，只需采用光学贡献积分模型，就能直接计算三维空间采样点对图像的贡献，通过颜色和透明度揭示数据的内部结构，进行可视化，这一技术称为直接体绘制。与等值面相比，直接体绘制能够一次性展现三维标量场数据的整体信息和内部结构，提供对数据场的全局预览。直接体绘制技术基于图形硬件的可编程渲染管线实现，绘制质量和效率均较高。

### 7.5.3.2　矢量场可视化

海洋环境中的洋流、风场等是矢量场，在每个采样点/格点上记录了该点沿经度和纬度方向的流速，通常对每个高度层的二维矢量数据进行线和面的可视化。

（1）箭头图标

箭头图标是二维矢量场可视化较为常用的方法，例如，洋流中每个格点数据可以通过箭头表示，箭头的方向表示流速的方向，箭头长度可以表示流速大小。

（2）轨迹线

常用的轨迹线包括流线和迹线等，例如，海洋洋流可以通过轨迹线展现海水的流动、漩涡的形成等过程。流线也可以加上箭头，更明确地表示流线流动方向。

（3）线卷积纹理

纹理图像可以通过线积分卷积生成。例如，海洋洋流场以纹理图像的形式显示流速场的全貌，能够有效地弥补箭头图标和轨迹线方法的缺陷，揭示矢量场的关键特征和细节信息。

# 8

## 海洋物联网
## 区块链即服务

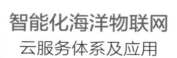

智能化海洋物联网
云服务体系及应用

# ▶ 8.1　基于区块链的物联网信息安全保障 ◀

## ⊕ 8.1.1　区块链技术概况

区块链技术也称为分布式账本技术（Distributed Ledger Technology，DLT），数据以区块（Block）为单位产生和存储，按照时间顺序首尾相连形成链式（Chain）结构，建立通过密码学保证不可篡改、不可伪造以及数据传输访问安全的去中心化分布式账本。工信部发布的《中国区块链技术和应用发展白皮书（2016）》对区块链的解释为：区块链技术是利用块链式数据结构来验证与存储数据、利用分布式节点共识算法来生成和更新数据、利用密码学的方式保证数据传输和访问的安全、利用由自动化脚本代码组成的智能合约来编程和操作数据的一种全新的分布式基础架构与计算范式。

区块链具有分布式、多方确认、多中心化/去中心化、不可篡改等特点，能够让各参与方在技术层面建立信任关系。区块链最核心的意义是在参与方之间建立数据信用，在明确规定下打造单方面的生态共同保障让参与方实现信用的共享。区块链应用已由金融领域延伸到物联网、政务服务、供应链管理等多个领域，被用于满足相互不信任的多个参与方建立分布式信任的需求，提供低成本高效率的多方协作。

物联网安全

## 🌐 8.1.2　物联网安全保障需求

物联网安全是物联网应用面临的严峻问题，物联网安全的最终目标是确保信息的保密性、完整性、真实性和时效性，落实到物联网的三层模型上可划分为感知层安全、网络层安全和应用层安全。其中感知层安全主要保障物联网信息传感节点及传感网的安全，保证传感节点不被欺骗、控制、破坏，防止采集的信息被篡改和伪造等；网络层安全主要保障信息传输网络和信息传输的安全，保证传输数据的保密性、完整性、真实性和时效性等；应用层安全主要保障信息处理与信息应用的安全，保证信息的读取控制与隐私保护等。区块链技术运用共享账本、机器共识、智能合约和权限隐私等机制，针对物联网感知层安全保障数据可溯源、不可篡改，针对网络层安全通过数据加密提供保密性、完整性和真实性，针对应用层安全提供了多方信任和数据共享机制[46, 47]。

上述感知层、网络层和应用层三层的安全从物联网应用的角度可归纳为物理安全、运行安全和数据安全，其中数据安全涉及读取控制、隐私保护、用户认证、不可抵赖性、数据保密性、数据完整性、动态可用性等内容，是物联网安全保障的重点[48]。区块链技术为物联网数据安全保障提供了有效的解决途径，帮助实现物联网数据的互联、互信和共享。互联是通过区块链的对等网络提供计算、存储、网络、平台等资源，链接不同协议与设备；互信是基于区块链的网络结构使设备之间保持共识，无须与中心进行验证，即使一个或多个节点被攻破，整体网络体系的数据也能保持可靠；安全共享是通过区块链的数据加密技术和对等网络（P2P）互联网络保证数据的不可篡改性以及隐私保护。

### 🌐 8.1.3　海洋物联网联盟链应用

区块链根据参与者准入机制不同，分为公有链、联盟链与私有链三类，其中联盟链通常在多个互相已知身份的组织之间构建，联盟链系统需要严格的身份认证和权限管理，适合处理组织间需要达成的共识的业务，因此联盟链与物联网的融合被认为是提升物联网性能的有效途径。联盟链的典型代表是超级账本（Hyperledger）Fabric系统。Hyperledger是由Linux基金会创立的开源分布式账本平台，用于区块链及分布式记账系统的跨行业发展与协作。Hyperledger Fabric是Hyperledger的基础核心平台项目，提供能够适用于多种应用场景、内置共识协议可拔插、部分去中心化的分布式账本平台。联盟链提供了分布式数据存储、点对点传输、共识机制、加密算法等技术的集成应用，为海洋物联网实现海洋信息安全共享提供了技术途径。

海洋物联网联盟链应用体现在海洋数据安全管理、跨业务部门协同合作、可信性应用等方面。海洋物联网利用联盟链可信账本登记和存证对数据进行管理，使数据具备可验证、可审计、可追溯、不可篡改等特性，实现可信安全的数据管理。海洋物联网在联盟链上构建基于智能合约的多维度物联网数字资产可信机制和自主访问控制机制，使海洋物联网系统智能实体具备自主提供数据完整性证明、身份可靠性证明、时间戳证明、数据关系证明和凭证登记流转等能力，通过合作者之间共享链上数据模型、智能合约和规则，打通价值孤岛，实现海洋物联网联盟链实体在不同应用场景中的协作。海洋物联网利用联盟链间的互操作性实现海洋物联网系统间跨业务部门的海洋数据安全共享，并使用数字证书构建海洋物联网实体可信身份，以共识方式鉴别系统中的不可信行为。海洋物联网区块链应用示意如图8-1所示。

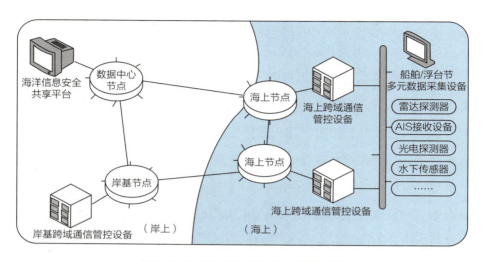

图8-1 海洋物联网区块链应用示意图

## 8.2 基于区块链的海洋物联网信息安全服务框架

　　为保护用户及交易的隐私与安全，联盟链Hyperledger Fabric平台提供了一套完整的数据加密传输与处理机制，区块链数据仅在联盟成员内开放，非联盟成员无法访问联盟链内的数据，即使在同一个联盟内，不同业务之间的数据也进行一定的隔离，从而提供更好的安全隐私保护。海洋物联网利用开放的Hyperledger Fabric平台提供海洋信息安全共享服务（服务框架如图8-2所示）包括区块链底层服务、区块链网络管理服务、区块链数据安全服务，以及基于区块链的海洋物联网信息安全共享应用。

图8-2　海洋物联网区块链即服务架构参考图

# 8.3　海洋物联网区块链底层服务

海洋物联网信息安全共享区块链底层服务建立去中心化的数据安全管理引擎，提供可信任、不可篡改、防欺诈的区块链特性，确保链上和链下数据的一致性和完整性。区块链底层服务包括分布式数据存储、数据加密与区块链配置部署等。

（1）分布式数据存储

分布式数据存储为所有区块链应用程序提供数据储存服务。由于区块链上的存储资源非常宝贵，因而除了交易和核心数据，其他数据都采用分布式数据存储。分布式数据存储一般包括集中式的链下SQL数据库或者分布式的星际文件系统（interplanetary file system）侧链文件存储。IPFS是一

种基于区块链技术的媒体协议，它通过内容可寻址的对等超媒体分发网络传输协议，将点对点的单点传输变成多点对多点的P2P传输，以构建持久且分布式的存储和共享文件系统，从而解决区块链不适合对大块数据进行溯源的问题。IPFS存储结构如图8-3所示。

图8-3　区块链IPFS存储结构

　　区块链系统中文件共享一般是局部的、点对点的，而不是广播给所有人的，让区块链无差别地保存海量数据会不堪重负，合理的做法是计算文件的数字指纹（MD5或HASH），并将其与其他一些可选信息一起上链，如作者、持有人签名、访问地址等，而文件本身存储在IPFS系统里，这种方案更适合维护海量文件和大尺寸文件，容量更高、成本更低。海洋物联网通信网络传输的报文和数据既包括格式化数据信息，也包括音频、视频、图像、文件等非格式化数据，经由 IPFS文件系统存储，上链可信分享，使接受者可以验证文件的完整性和正确性。

　　（2）数据加密

　　Hyperledger Fabric采用对称加密、非对称加密和数字摘要等密码学技术进行数据加密，海洋物联网联盟链数据加密算法应用非对称加密技术来确保加密数据只有所有者才能看到，数据通过哈希算法得出的摘要进行关联，以保证存储数据不可篡改。海洋物联网联盟链数据加密包括两层：数据在IPFS分布式存储时采用加密算法存储；数据在上链时通过认证机构（CA）认证进行加密。

　　（3）区块链配置部署

　　海洋物联网区块链底层服务提供区块链配置部署服务，以适应私有云、物理机等多种部署环境，部署方式可灵活配置，可通过对底层区块链引擎进行轻量化改造，减少其运行时使用的资源，使其可在小型化或便携式计算设备上运行和管理。此外，海洋物联网区块链底层服务还支持 CA 的配置管理，新成员可以动态加入区块链网络，同时用CA方式对新成员进行身份认证。

一种用于试验验证的海洋物联网区块链应用部署如图8-4所示，采用五台 linux系统的区块链一体机和一台便携式终端控制机，部署在局域网内，使用同一个交换机进行组网。

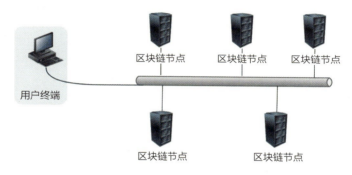

区块链节点　区块链节点　区块链节点

用户终端

区块链节点　区块链节点

图8-4　海洋物联网区块链应用部署示意图

## 8.4 海洋物联网区块链网络管理服务

区块链网络管理包括组织管理、节点管理、通道管理、智能合约管理等。

（1）组织管理与节点管理

Hyperledger Fabric区块链系统由多个组织构成，每个组织都有自己的

Peer节点和Orderer排序节点。Peer节点按功能不同划分为背书节点、记账节点和主节点，其中背书节点由客户端指定，被某个客户端指定的背书节点需完成对相应交易提案的背书处理；记账节点负责完成区块链账本结构；主节点定期从Orderer排序节点获取排序后的批量交易区块链结构，对交易进行检查并写入账本，一般主节点也是记账节点。Orderer排序节点负责对交易进行排序，对区块链网络中的所有合法交易进行全局排序，并将排序后的交易组成区块结构发送至记账节点。

海洋物联网区块链组织管理实现海洋物联网系统内的各联盟链组织设置，包括区块链组织的新增、组织信息查看、组织证书下载等功能，支持与监控端同步显示，如图8-5所示。

图8-5　海洋物联网区块链组织管理

海洋物联网区块链节点管理实现对不同联盟内的数据服务/数据同步节点进行设置的功能，如节点信息查看、节点状态查看、新增节点等。节点管理支持与监控端同步显示，如图8-6所示。

（2）通道管理

联盟链Hyperledger Fabric平台利用通道隔离实现不同业务或用户的数据隔离。通道用于交易参与方安全地和Peer进行通信而对其他参与方不可见，一个通道具备自己独立的服务空间，背书、链码、链码执行环境都是独立的。通道管理实现海洋物联网基于区块链平台的通道设置，不同通道之间应能够按需进行新建，如图8-7所示。

图8-6　海洋物联网区块链节点管理

图8-7　海洋物联网区块链通道管理

（3）智能合约管理

Hyperledger Fabric中的智能合约称为链码，分为系统链码和用户链码两类。链码运行在Docker容器中，实现链码执行和用户本地数据隔离，从而保证安全性。海洋物联网区块链智能合约管理实现合约的查询、新建、安装、部署、升级等功能，如图8-8所示。

图8-8　海洋物联网区块链智能合约管理

# ▶8.5　海洋物联网区块链数据安全共享服务◀

（1）数据存证

海洋物联网区块链应用系统对于从通信网络接入的数据，在确认数据信息并提交后进入数据上链存证流程，按照数据名称、数据类型、设备ID、时间戳和数据域内容，进行分类上链处理，包括数据存证文件管理、新增数据登记与存证等。

数据存证文件管理提供包括整体存证数据概览、用户权限、存证数据列表等功能的API接口。数据概览中包括全部可见存证、我的存证（即我上传的存证）、已购存证。权限有访问和下载权限。数据存证文件管理支持数据存证详情的接口功能。存证数据列表支持用户查询不高于其访问权限的每个数据的详细信息接口，包括数据信息和存证信息。

新增数据登记与存证支持对多种类型数据进行存证，包括文本、图片、音频、视频等多种类型，新增数据文件存证时需要填写关于数据的信息。对于本地上传数据，用户需要从本地文件夹选择文件上传，上传后即刻完成数据哈希的计算，并在页面显示数据名与数据哈希。对于通信网络接入数据，确认数据信息并提交后进入数据上链存证流程，若上链过程中存在相同的哈希值，则在客户端返回数据重复提示；若上传者地址不一致，则客户端提示存在侵权可能性。登记完成后需要显示登记成功结果，包括登记时间、背书节点等。数据的登记信息和数据会被同时发送给区块链中各节点进行鉴定并登记，同时输出数据证书文件到链上。

（2）数据缓存

数据缓存是为了在链上数据加密的情况下，满足各方对搜索、查询速度性能的要求。它也可作为本地和原有IT系统的数据缓存池，缓存池通过对链上的查询来更新链上数据。对于结构化数据，海洋物联网区块链应用系统通过 Redis（Remote Dictionary Server，远程字典服务）数据库对海洋感知数据进行缓存处理，优化结构化数据，根据数据类型不同，转入不同的处理模块；对于文本、音频、视频、图像等非结构化数据应用IPFS进行存储。数据缓存过程如图8-9所示。

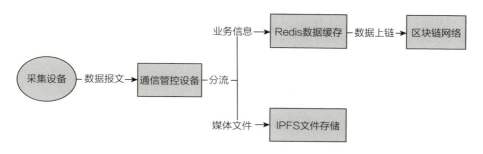

图8-9　海洋物联网区块链数据缓存过程

（3）数据配置管理

数据配置主要包括对接入数据按照接口约定进行解析、制定数据模板对数据进行缓存、设置数据同步频率和开关等功能。数据配置管理主要针对海洋物联网感知数据与业务数据进行保密分级，如图8-10所示。

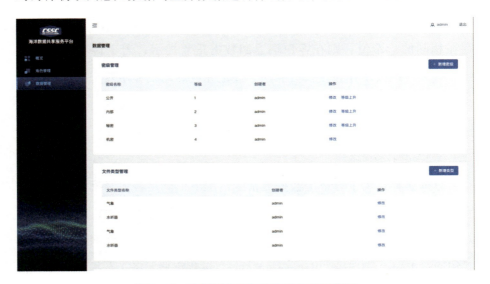

图8-10　海洋物联网区块链数据配置管理

（4）可视化展现

人机交互展现基于区块链的数据共享业务流程使管理者或相关数据监管方能够对面向数据共享的区块链底层模块内传输的数据流量、近期数据动态、最新数据流向等信息有较为直观的了解。典型示例如图8-11所示，用户在该页面能够查看各通道的配置信息、运行状态、数据新增的趋势、最新区块信息、数据交换排名和数据流转的监控信息；统计并显示当前区块链网络中节点总数、数据总数、区块数量和合约数量等；对当前数据按照设备 ID、数据类型、时间进行搜索和查询，并将查询到的数据按需转发给相关数据处理解析模块。

图8-11 海洋数据安全共享可视化展现示例图

（5）海洋领域数据共享中的核心技术

1）区块+链

"区块+链"的结构可提供一个数据库的完整历史。从创世区块开始，到最新产生的区块为止，区块链上存储了系统全部的历史数据，并且此数据是不可以被篡改的。区块链上的每一笔交易，都可以通过"区块链"的结构追本溯源，一笔一笔进行验证。区块+链=时间戳，这是区块链数据库的最大创新点。每一个参与共识的节点都会在最新的区块中盖上一个时间戳来记账，表示这个信息是这个时间写入的，从而形成一个不可篡改、不可伪造的数据库。

2）分布式结构——开源的、去中心化的协议

在当今大多数体系中，数据都是集中记录并存储于中央统一的电脑中。但是区块链结构设计巧妙的地方就在这里，它不是将数据放在中心的电脑上，而是让每一个参与其中的节点都记录并存储下所有的数据。

完全去中心化的结构设置使数据能实时记录，并在每一个参与数据存

储的网络节点中更新，这就极大地提高了数据库的安全性。并且所有数据都会被加密存进区块中，进而保证了数据的隐私性。分布式记账、全网广播，所有节点参与记账，保证了数据的可靠性。在没有中心的情况下，大规模的参与者达成共识，共同构建了区块链数据库。

3）非对称加密算法

简单来说，"加密"和"解密"的过程中分别使用两个密码公开密钥和私有密钥。公开密钥与私有密钥是一对，如果用公开密钥对数据进行加密，只有用对应的私有密钥才能解密；如果用私有密钥对数据进行加密，那么只有用对应的公开密钥才能解密。区块链系统内，所有权验证机制的基础是非对称加密算法。常见的非对称加密算法包括椭圆曲线加密算法、Elgamal、RSA、D–H等。

从信任的角度来看，区块链实际上是数学方法解决信任问题的产物。在区块链技术中，所有的规则事先都被以算法程序的形式表述出来，不需要求助中心化的第三方机构来进行交易背书，而只需要信任数学算法就可以建立互信。区块链技术的背后，实质上是算法在为人们创造信用，达成共识背书。

4）脚本

脚本可以被理解为一种可编程的智能合约。有了脚本之后，区块链就可以自动处理一些数据，以保证这一技术在未来的应用中不会过时，从而增加技术的实用性。一个脚本本质上是众多指令的列表，这些指令记录在每一次的价值交换活动中，价值交换活动的接收者（价值的持有人）如何获得这些价值，以及花费掉自己曾收到的留存价值需要满足哪些附加条件。

5）跨链

跨链技术将实现不同区块链网络的价值通道的建立和链接，这是价值网络价值流动的关键。其核心要素之一是：帮助一条链上的用户找到另一条链上愿意进行兑换的用户。从业务角度来看，跨链技术就是一个交易所，让用户能够找到交易所进行跨链交易——这是最基础的跨链模式。目前主流的跨链技术包括：公证人机制、侧链/中继、哈希锁定、分布式私钥控制。区块链从技术上来看是去中心化的数据库和分布式账本技术，从商业层面来看是价值互联网，在这个价值网络中，链接的有效节点越多和分布越广，对不同区块链进行链接和扩展可能产生的价值叠加就会更大。

# 8.6　应用实践

## 8.6.1　基于区块链的跨安全域海洋数据共享

海洋物联网区块链应用系统设置安全域，使得在同一安全域下各组织之间的数据传递变更加高效和安全规范。但是不同安全域之间组织的跨域数据共享，受限于边界访问条件差异大、访问策略复杂多样等问题，导致各个域的组织间信任构建困难且数据共享效率低下。对于这些问题，提出了基于区块链的跨安全域海洋数据安全共享方案，实现了不同安全域间的信任快速构建，并提升了数据共享能力。

如图8-12所示，基于区块链的跨安全域数据共享应用主要由两部分完成：底层的IPFS系统进行文件的存储和共享；上层的区块链系统进行文件的权限管理、访问控制和信息传递。每个通过验证的组织作为IPFS系统中的一个数据节点，享有自由上传和下载数据文件的能力；而每个通过验证的组织内的用户也作为区块链中的一个节点，具有自由发送、读取区块中

交易信息的能力。

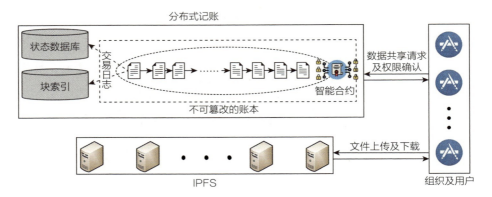

图8-12　基于区块链的跨安全域海洋数据共享应用示意图

各个安全域中的组织构成自己的安全域闭环，负责把可对外发布的权限信息和访问策略以智能合约的形式发布在上层区块链中，用于域中各个组织的权限准入控制和跨域组织之间通信的权限确认。区块链中合约数据的不可篡改性，各个节点可同时接受审计，使得各个安全域可天然地信任彼此准入策略和控制策略，该策略也将由智能合约执行，不需有可信第三方的存在。通过权限确认的组织，将把文件数据以加密的方式安全存储在IPFS系统中，打通各个组织间的数据库，摆脱数据库异构的问题，且数据由各个节点共同维护并支持地址索引，传输效率高。不同域之间的组织通过上层区块链进行域间的权限确认、信息通信和文件共享，被共享的文件将以IPFS地址的形式在上层区块中安全传递，文件接收方通过该地址获取IPFS中对应的文件，并解密获取数据。

（1）IPFS系统

各个组织之间共同保有数据，因为IPFS上的数据无法被某一节点恶意修改，且其文件在上传后会在区块链中同步上传该文件的哈希凭证，并附带不涉密信息对文件进行说明。IPFS系统允许文件以地址的形式进行下载，为文件的共享提供了优良条件。基于会话密钥的对称加密方案增强了各个组织对所属文件读取权限的管控能力，并且在加密大文件时消耗资源更少，运行速度更快。

（2）区块链系统

各个组织之间平等通信，不存在某一管理服务器节点对区块链数据的超权限控制。文件凭证在区块链中无法被修改、抵赖；权限控制的智能合约严格对权限进行审计和检验，摆脱对第三方的依赖；各个组织中合法用户的公钥也将被记录在区块链上，并被区块链的不可篡改性保护；区块链基于合约的区块检索加快了区块链中对凭证的检索速度。以上措施提供了一条在各个组织之间进行文件共享的通信渠道，不仅如此，文件流向被记录在区块链中还提供了溯源能力。

（3）权限管理

在每个组织之间存在不同的用户权限管理，该权限可分为群体权限和个体权限，这些权限可基于属性划分、动态权限划分、规则划分等，通过部署在上层区块链中的智能合约进行统一的、可审计的、安全的权限准入和访问控制。

（4）密钥管理

共享的数据以加密文件的形式存储在IPFS中，保障了文件在共享系统中的安全性。在数据的共享过程中，当数据的所有者在上层区块链中获取到数据共享请求时，将通过智能合约进行访问权限确认，并获取到该请求者的公钥，在此过程中文件的密钥和地址将以请求者公钥的形式通过区块链返回给请求者。通过合理有效的密钥管理，数据持有者将实现对数据的访问管理。

## 🌐 8.6.2　基于区块链的海洋无人集群管控

基于区块链的海洋无人集群管控针对无人机、无人艇等无人设备集群在海上的特殊使用环境，应用区块链技术实现无人设备间数据信息的安全传输，并提供对无人设备集群的实时状态展示与节点控制，主要功能包括：实现面向任务的信息安全共享，满足无人集群间信息协同的需求；提供具有鲁棒性的数据安全存储，避免单节点依赖；实现可靠的决策消息传递，保证安全的决策传达与分组编队移动。

基于区块链的海洋无人集群管控如图8-13所示，其主要成员包括指挥中心、管理员和无人设备。指挥中心负责无人设备管控命令发布与无人设备状态监控，管理员负责设备初始化，提供配置文件并分发设备密钥。无人设备根据不同的作用配置为设备节点、节点集群、编组与中心节点，其中，每台无人设备统称为一个设备或节点，所有节点被称为一个设备节点集群，编组是根据不同任务从集群中划分出来执行同一任务的无人设备集合，中心节点是一个编组中通过各设备节点选举得到的编组领导者，可根据指挥中心的命令向本编组其他节点发布具体指令。

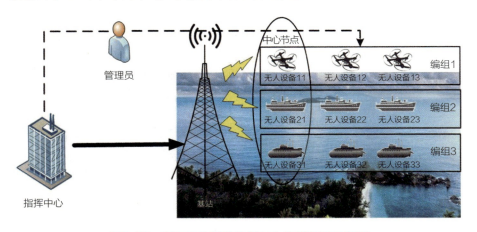

图8-13　基于区块链的海洋无人集群管控示意图

无人集群通信时发送的消息以交易单的格式发送到区块链网络中，其存储到区块链上的消息不可篡改，从而保证了消息的真实性和可靠性。当无人设备节点想要进行通信时，会将消息或指令以交易单的形式发到区块链上，每一个消息或者指令都会指向一个交易单，代表该交易单的发送人。当其他无人设备节点要读取该消息时，首先应向区块链中的智能合约发送请求，智能合约在验证消息请求者身份有效性后会将消息或数据返回到该节点。

基于区块链的海洋无人集群管控由无人集群信息安全管理软件与无人集群状态监控软件两部分组成，如图8-14所示。无人集群信息安全管理软件运行在无人设备节点中，无人设备节点的决策信息、共享的数据等都被安全存储在区块链上，由所有节点进行安全备份，保证数据不可篡改性和决策一致性；无人集群状态监控软件被部署在指挥中心，通过区块链中全同步节点获取数据并分析展现，支持对设备节点的状态控制。

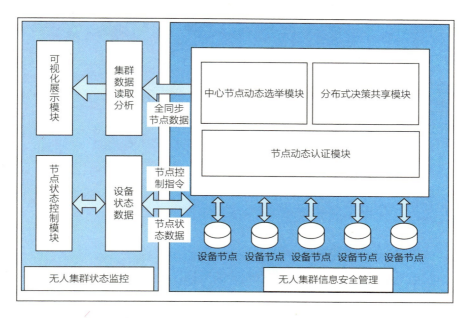

图8-14　基于区块链的海洋无人集群管控软件功能组成示意图

如图8-14所示，无人集群信息安全管理软件提供动态认证、动态选举、决策分发等功能。

（1）动态认证功能

无人集群信息安全管理软件通过主节点动态编组、节点身份认证、节点信息同步等方式完成编组和节点动态认证操作。它依靠动态认证智能合约在区块链设备集群中建立可信的任务编组，保证编组内成员可信的数据共享。无人集群信息安全管理软件可解决以下常见的安全问题：区分外部恶意节点发布的虚假数据、抵抗外部恶意节点对真实节点的替代攻击、提供数据的防篡改性、提供数据存在性伪造的恢复保障，如图8-15所示。

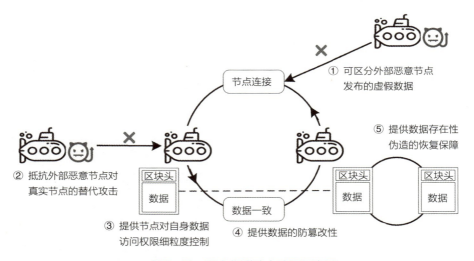

图8-15　无人集群动态认证示意图

（2）动态选举功能

动态选举功能在需要中心节点领导编组执行任务时，根据无人设备节点资源等因素合理选举出中心节点，保证在中心节点领导编组执行任务时完成以下功能：当中心节点失效时，可以及时发现并快速进行新一轮选举；选举过程中可以由某个节点进行主持，保证选举工作顺利完成；在原中心节点反复连接时，不因此多次发起重复选举而耗费编组资源，如图8-16所示。

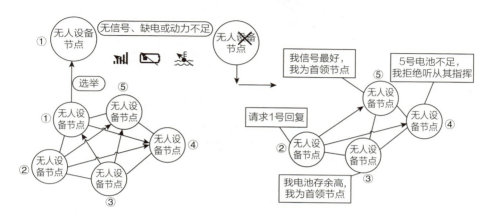

图8-16　无人集群动态选举示意图

（3）决策分发功能

决策分发功能完成对分组编队的任务分发工作，实现决策的一致性，保证首领节点发布的决策消息被准确无误地传达给每个节点，并由每个无人设备节点可靠、快速的接收处理。

无人集群状态监控软件提供可视化展现与集群状态监控等功能。

（1）可视化展现功能

通过读取无人集群的区块链节点获取数据，并将数据整合处理，以图表的形式进行可视化展示，展示内容包括无人集群编组状态、无人设备节点状态、编组内通信消息等。无人设备节点状态展现如图8-17所示，包括节点的属性、运行状态、编组情况等。

（2）集群状态监控功能

集群状态监控软件支持对无人设备节点的状态管控，提供编组控制、入组控制、退组控制、无人设备节点状态调节等功能。

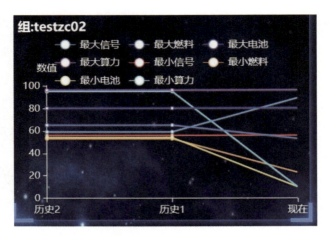

图8-17　无人集群的区块链节点状态可视化

# 9

## 海洋物联网
## 软件即服务

智能化海洋物联网
云服务体系及应用

海洋物联网软件即服务提供的软件包括海洋领域的通用功能软件和业务应用软件。通用功能软件是海洋业务应用的基础，在海洋物联网业务应用中，面向不同涉海用户和不同海洋业务需求，对通用功能软件进行组件提取和重构，并与相关的业务软件集成，构成多种海洋业务应用软件系统。本节重点对通用功能软件展开描述，海洋业务应用软件将在下节的海洋物联网典型应用场景中结合特定的业务需求进行介绍。

## ▶ 9.1 海洋目标信息应用功能软件 ◀

海洋目标信息应用功能软件适用于海洋航运、海洋执法、渔业管理、海洋安全等多类应用领域。下面以基于AIS信息的船舶目标监视与识别为典型用例，对海洋目标信息处理与分析软件进行描述，分析软件主要提供多源AIS信息引接、AIS信息融合处理、基于AIS信息的船舶异常行为分析等功能。

### ⊕ 9.1.1 多源AIS信息引接

船舶目标AIS信息来源包括岸基AIS基站、卫星载AIS、船载AIS移动基

站、海上固定平台AIS基站、机载AIS设备等多种方式，需对上述多源AIS信息进行接收、汇集和存储。

（1）岸基AIS基站

AIS岸基基站在沿海港口、内河、岛礁搭建AIS信号接收站，其信号有效作用范围受到VHF（甚高频）无线电波直线转播特性，即地球表面曲率和设备无限高度等因素的制约，接收范围基本在30～50千米内。AIS岸基的接收时间的间隙基本在秒级，最快为2秒。岸基AIS作为船舶信息获取的常用手段，可实时获取船舶AIS信息，但其覆盖海域受岛屿位置的限制。

（2）卫星载AIS

卫星载AIS使用一颗或者多颗低轨道卫星（卫星轨道高度在600千米到1000千米），搭载AIS收发机来接收和解码AIS报文并将信息转发给相应的地球站。卫星AIS系统主要用于传输AIS报文信息，它以数据传输为主，不受基站接收范围影响，探测范围为1000千米的海域范围。卫星AIS报告的时间间隙为几分钟或者几小时，长度取决于卫星AIS系统的复杂性和设计情况以及海区船舶的密度，因为卫星星座设置和目标船舶环境会延迟信息收集且不能保证在任何环境下都能立刻获取数据。目前AIS卫星数量较少，一般每115分钟左右绕地球一圈，有些地方卫星需要很长时间才能达到其上空，由于海上航行的船舶信号发送频率在12秒左右，卫星有时候很难捕获到船舶信号。因此，卫星AIS更新频率一般一天是2到4次。

（3）船载AIS移动基站

船载AIS移动基站通过AIS收发模块和北斗卫星通信阵列组成AIS移动基站：将AIS收发模块安装在船舶上，以船舶所在位置为坐标原点，采用原始的本船舶信息和周围船舶的差值坐标构建短信息并通过北斗卫星通信阵列传送至AIS数据中心。船载AIS移动基站兼具AIS功能和北斗定位通信功能，可接收周围AIS目标发送的信息，并通过北斗转发到岸基系统，用于监控本船和周围船舶的动态信息。其中AIS移动基站具有AIS信息收发与管理、虚拟航标设置与播发、电子海图显示，对AIS目标信息进行收集与管理，通过AIS虚拟航标临时设置航道引导周围其他船舶航行。

（4）海上固定平台AIS基站

海上固定平台AIS信息获取方式是借助海上石油平台、浮岛、浮台、浮标等安装AIS基站，实现对海域AIS信息的接收和发送，借助海上卫星通信将船舶AIS信息传送到监控中心，形成类似位于远海区域AIS岸基的功能，其接受范围和接受频次基本与AIS岸基基站一致。

（5）机载AIS

机载AIS可在无人机等飞行器上加装机载AIS接收器，并采用SOTDMA的协议原理和AIS系统的处理机制，其AIS探测范围跟接收机安装的高度关系密切，理论上AIS最大通信距离超过440千米，频次与岸基一致。但当机载AIS接收到多于一个区域发送的消息时，有一定概率产生时隙竞争，会导致机载AIS仅能接到该时隙发送的一个AIS信息。

不同AIS信息获取方式的更新频次及监测范围各有优势和劣势，如表9-1所示，我们在海洋物联网模式下实现多种AIS信息获取方式的协同运用，以及时、准确、全面地展现关注海域的海上民用船舶态势。

表 9-1　不同 AIS 信息获取手段列表

| 序号 | 获取手段 | 更新频次 | 监测范围（千米） |
| --- | --- | --- | --- |
| 1 | 岸基 AIS 基站 | 2 秒 ~ 3 分钟 | 30 ~ 50 |
| 2 | 卫星载 AIS | 约 7 小时 | 1000 |
| 3 | 船载 AIS 移动基站 | 5 秒 ~ 10 分钟 | 50 |
| 4 | 海上固定平台 AIS 基站 | 2 秒 ~ 3 分钟 | 50 |
| 5 | 机载 AIS | 2 秒 ~ 3 分钟 | 370 |

## 🌐 9.1.2　AIS信息融合处理

AIS数据内容包括船舶静态数据、船舶动态数据、船舶航次数据、航行安全信息等，如图9-1所示。其中，船舶静态数据用于识别船舶身份，主要包括船名、呼号、海上移动业务识别码（MMSI）、国际海事组织编号、船长、船宽、船舶类型等。船舶动态数据作为船舶航行状态的判断依据，主要包括船位数据、对地航速／航向、船首向等信息。

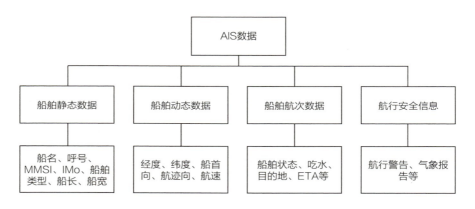

图9-1　AIS数据内容分类图

### 9.1.2.1　AIS船舶静态数据处理

AIS船舶静态数据是船舶区别于其他船舶的固有属性，包括海上移动业务识别码、船名、呼号、船舶长度、船舶宽度等数据类别。根据AIS船舶静态数据的特性，其数据处理过程包括数据预处理、缺失值清洗、格式内容清洗、关联性验证等。

（1）数据预处理

静态数据的预处理包含两个部分：

1）将数据导入处理工具中。将AIS数据存储到数据库中，用于接下来的处理工作。

2）分析数据。对数据进行的分析工作包含两个部分：首先是对AIS数据包含内容进行分析，分析数据内容、数据格式、数据解释和数据的类型；其次是抽样调查，对数据的一部分进行查看，了解数据本身，为数据处理做准备。

AIS静态数据中，一艘船舶的船名、呼号、海上移动业务识别码、国际海事组织编号为固定值，因此数据的正确性可以相互验证。

（2）缺失值清洗

来自多类基站的AIS数据存在冗杂和数据错误及缺失等问题，因而首先需要对AIS数据进行数据清洗。对于数据更新不及时的问题，利用清理后的数据进行蒙特卡洛预测，推测其周期内所在的位置。数据的缺失作为数据错误的常见问题之一，对其处理的方法分为两个步骤：

1）确定缺失值范围计算缺失内容的缺失率，根据缺失率和重要性分别进行处理。

首先对于船舶静态数据的要求识别船舶信息，其次根据船舶的船长和船宽数据推测船舶的吨位，再次考虑IMO和船舶呼号信息。根据不同的海域和流域，可以设定不同的重要性。在这里设定AIS静态数据的MMSI号数据重要性较高；船长、船宽、船名数据重要性中等；IMO号、船舶呼号、重要性偏低。对于缺失率的高低评判为缺失静态数据中一项时为低缺失率，缺失静态数据中的两项时为中缺失率，缺失静态数据中的三项时为高缺失率。

2）填充缺失内容。对缺失内容的补全主要是根据其特性进行的，由于船舶的静态数据是相互关联的，缺失的数据可以通过将先前周期该数据中未缺失的数据与其他数据进行比对，得到缺失数据的值。

（3）格式内容清洗

在AIS数据的传输过程中，数据格式往往会出现问题，比如内容中有不

该存在的字符，例如MMSI中出现字母的情况。这种情况下，通过数据库筛选出问题数据，并通过数据中其他正确数据进行查询比对填补该值。

（4）关联性验证

对于单一来源的AIS数据，可以将几个周期的同一艘船的MMSI号、船名、呼号进行关联，检验AIS静态数据是否出现错误，从而进行数据处理。

### 9.1.2.2　AIS船舶动态数据处理

船舶动态数据包括船舶位置（经、纬度）、航向（航首向、航迹向）、航速、世界统一时间（UTC）等。航线生成的有效数据主要是AIS记录的航速和船位，即船舶的航速和经、纬度。通过对数据库中的数据统计分析，研究AIS船舶速度的可信区间，并通过船舶位置关联确定AIS船位数据的正确性。

（1）船舶速度数据异常处理

由于船舶种类和船舶的吨位影响着船舶的各种性能，因此对速度数据进行分析时，应将船舶种类和船舶吨位作为分类标准，对速度进行数学统计分析。

1）船舶种类。船舶种类繁多，通常分为干散货船、集装箱船、化学品船、油船、液化石油气船（LPG）、滚装船、拖轮和驳船、普通客船、高速客船、渡船等

2）船舶吨位。船舶吨位反映船舶的船型大小。海上环境复杂，吨位大小对船舶的最大速度存在着一定的影响。由于AIS数据中没有记录船舶吨位的数据，因而吨位等级根据其船型尺度确定。

（2）AIS船舶位置数据异常处理

对于AIS船位数据，可能存在经、纬度异常的情况，导致AIS中记录的船位点偏离航线，因此需要对位置偏离航线的情况进行判定。船舶位置

数据异常的辨识可通过将该船位点与前、后两个船位点进行关联分析来判断。可利用最小二乘法估计，对船舶轨迹进行平滑和预测处理，能够比较正确地估计出船舶轨迹。

### 🌐 9.1.3　基于AIS信息的船舶异常行为分析

船舶异常行为是指船舶非正常偏离航道、航向，突然加速、减速，出现在不该进入的区域等，根据AIS信息中的船舶运动相关数据对船舶的航速、航向、航迹进行分析，判断该船的运动是否符合正常的航行活动规律，进而对船舶自身的安全，或者是否存在非法活动嫌疑进行识别，并对可能发生的危险进行评估和预警。基于AIS信息的船舶航迹如图9-2所示。

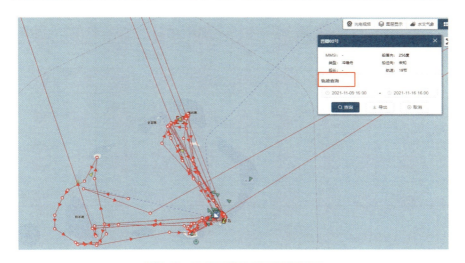

图9-2　基于AIS信息的船舶航迹

#### 9.1.3.1　船舶异常行为分类

船舶的异常行为与船舶经过的航迹和船舶所处的位置密切相关，船舶经过的航迹不符合该类型船舶正常的运动规律，或者船舶在特定的时间处

于不合适的位置，都可以被看作异常，应该引起监控部门的注意和重视。船舶异常行为可分为运动异常和所处位置异常两大类，其中运动异常包括航速异常和航迹异常，位置异常包括偏离历史航迹、出现在非法位置和其他一些不该出现的位置等。

对船舶航行中可能存在的各类异常行为进行系统性的特征分析，例如，船舶在航行过程中速度、航向等状态出现的运动异常；船舶正在或即将偏离正常航行路线，进入禁止水域、危险水域等而出现的位置异常。我们可通过提取船舶异常特征开展异常行为分析，例如船舶正在或者企图进行走私、侦察、入侵等非法行为等。船舶异常行为的一种分类方法如表9-2所示。

表 9-2　船舶异常行为分类

| 运动异常 | | 位置异常 | | 异常行为分析 |
| --- | --- | --- | --- | --- |
| 状态异常 | 航迹异常 | 历史航迹 | 危险航行 | |
| 速度过高 | 非法侵占他人领域 | 离开历史航线 | 在航道外航行 | 走私 |
| 速度过低 | 没有驶向港口 | | 不在规定的区域内活动 | 非法侦察 |
| 游荡 | 航迹终止 | | 驶向危险区 | 非法入侵 |
| 航向异常 | 非正常航线形状 | | 监控违规 | 非法作业 |
| | | | 驶入禁区 | 威胁基础设施 |

### 9.1.3.2　船舶异常行为检测

异常检测的方法可分为两个部分，分别是模型建立以及使用建立好的模型进行异常检测[49]。使用历史数据建立模型，这是模式识别的一部分，它可以由目标驱动，也可以由数据驱动。一个模型可以是事件序列、统计分布或者是元素聚类。将目标数据代入模型中进行检测，判断其正常或者异常。不随数据变化的模型称为静态模型，反之称为动态模型。模型的建立方法有很多，主要根据数据类型、性能要求、异常的性质来选择建模方法。常见的异常检测方法有：基于聚类分析的异常检测、基于统计分析方法、基于神经网络建模方法、船舶行为预测等方法。

船舶异常行为检测主要基于历史AIS数据建立模型，学习船舶行为知识，并根据学到的知识对船舶未来的航迹进行预测和监控，其主要步骤包括航迹分割、正常行为建模和异常行为检测等。

（1）航迹分割

船舶行为异常可能是由于它出现的位置不合适，也可能是由于它的运动不符合常规，无论哪种异常情况，都与船舶的航行轨迹相关。船舶的航迹是一个连续的过程，需要进行离散化处理。船舶的AIS系统不是连续地发送数据，而是每隔一段时间发送一次数据，因此，系统接收到的AIS数据是离散的时间序列，船舶运动轨迹需要通过离散的航迹片段进行分析。

首先寻找特征点，然后根据特征点依次对船舶运动轨迹进行分割。在航迹的划分过程中采取了分步的策略，将航迹分为静止和移动两部分，静止部分包含所有瞬时速度小于给定阈值的点，不需要对其进行进一步分割，而移动部分包含瞬时速度大于给定阈值的点，对移动部分的航迹进行进一步分割。

由于船舶运动是一个复杂的过程，分割后的航迹片段存在多种类型，比如直航、弱偏航、大偏航、刹车、加速和停止等，为了将不同类型的航迹片段区分开来，以便后面对正常航迹进行建模，需要对分割后的航迹片段进行聚类，将相似的航迹片段分到同一个类中，使得同一类航迹相似度高，而不同类的航迹相似度低。

（2）正常行为建模

在船舶异常行为检测中，为了判断一个行为是否异常，首先要知道什

么是正常的行为。通过航迹分割，船舶的航行轨迹被进一步划分成不同的片区或者片段，而从这些航迹数据中得到船舶正常航行的行为规律，是船舶异常行为检测的核心问题。船舶正常行为的建模通常包括以下方法：统计分析、贝叶斯网络和神经网络等。

（3）异常行为检测

异常行为检测是一种将少数不规则的、难以表达的数据与主要数据区分开来的方法，这种方法是通过对大多数数据进行研究和刻画，从而使得少数数据与主要数据在某种模式上表现出差异。从这些定义可以看出，为了检测和判断异常行为，应该首先判断什么是正常行为，然后再根据正常行为的标准来检测异常行为。基于船舶行为预测的异常检测方法通过相应算法建立预测模型，先对船舶行为进行预测，再将观测值与预测值进行比较，如果观测值与预测值差别较大，则认为该船行为出现异常。基于预测的异常检测算法可以提前知道船舶在未来某一时刻的行为是否出现异常，因此对于海上船舶智能监管及危险预测具有重要意义[50]。

# 9.2 海洋声学信息应用功能软件

声波是海洋中高效远距离传播的信息载体，不仅在回声探测、声传播、鱼群探测、低频声学、水声设备使用、声呐研制等方面起到极大作用，而且对海洋安全、海洋渔业、海洋资源开发等具有十分重要的意义。下面从海洋环境噪声预报、海洋环境噪声分析应用等方面描述海洋声学信息应用功能软件。

## ⊕ 9.2.1 海洋环境背景噪声预报

在海洋中，海面风浪、海洋生物活动、海上航运等自然和人为活动产生的声波，在传播过程中与海面、海底、水体等发生相互作用形成一个复杂的背景噪声场，这些背景噪声就是通常所说的海洋环境噪声。海洋环境噪声是海洋环境中各种噪声源在特定频段互相竞争、共同作用的结果。充分地调查和分析海洋环境噪声特性，以深刻地认识海洋环境噪声的时域、频域和空域等特性，对海洋安全、海洋渔业、海洋资源开发等具有十分重要的意义。海洋环境噪声的频率区间如下：

1）低频区间（0.1～10赫兹），主要的噪声源为地震、水下火山爆发、远处风暴、海洋和大气中的湍流以及海洋表面的某些过程（表面波的非线性相互过程）。

2）50～300赫兹区间，海洋环境噪声主要由远处的船只交通所产生。尤其现在随着人类海洋作业越来越频繁，海洋中有大量的船舶在航行，而这些频率在深海大洋中的声波衰减很小，所以形成了一个连续的噪声背景场。

3）0.3～50千赫兹区间，海洋环境噪声和海洋表面状况及所观察区域的风有直接的关系。有多种机制可以产生这个频段的噪声，其中包含波浪的破碎、处于空气饱和状态的表面层中空气气泡破灭（空化噪声），等等。

4）在高于100千赫兹区间频率的噪声中，分子热噪声占主导地位。

海洋环境噪声是多种噪声源（风关、航船、降雨、生物等）经过海洋波导环境以不同路径传输到接收点的综合贡献。由于噪声源的时空变化特点以及海洋波导环境的复杂性和不确定性，海洋环境噪声预报一般是统计意义上的预报。海洋环境噪声的预报涉及两部分内容：噪声源模型以及与预报相适配的声传播模型。大尺度范围海域的海洋环境噪声预报，由于预报范围广、计算点数多，若采用复杂的声传播计算方式，则需要耗时较

长，无法满足实时演示的需求，一般可采用相关经验公式进行快速预报；若接收位置所处的海洋波导环境在深度和水平方向变化较大，且对计算时长要求不敏感，则可以采取精细预报模型，按照水平方位划分为若干个垂直区间，每个区间内声源到接收点的声传播可以采用与距离有关的声传播模型计算，以相对减少海洋波导环境变化引起的声传播计算误差。

### 9.2.1.1　海洋环境噪声源模型

海洋环境噪声源模型主要考虑风、航船、降雨三种噪声源。

（1）风关噪声

通常认为风关噪声的主要作用频段是500赫兹～25千赫兹，其噪声机制主要是海面表面的风产生剪切力，可能导致波浪内各种直径的气泡破碎，产生不同频率的噪声。图9-3是风速分别为10节、14节、18节、20节时的风关噪声源级随频率变化。

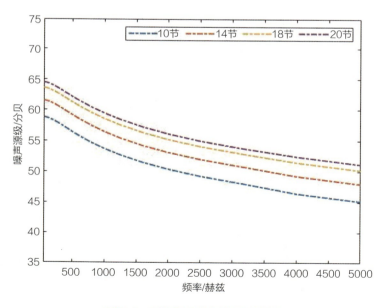

图9-3　不同风速的风关噪声源级

（2）航船噪声

航运噪声是靠近浅海航道区、深海环境噪声的主要影响因素，其中20～300赫兹频段的航运噪声较为明显，在低于1千赫兹频段，航船噪声源具有连续的宽带频谱和由旋转机械引起的多线谱叠加；渔船噪声也是近海非航道海洋环境噪声主要来源。航船噪声源通常的航船噪声建模采用的是Ross总结的航船噪声源级公式（1987年）。

其将航船按船长划分为5类：大于300米、200～300米、100～200米、50～100米和小于50米。考虑到Ross航船噪声源级公式的数据样本多为20世纪中期的船舶，随着造船技术的进步，特别是对于船长大于200米的大型船舶，其采用的二冲程发动机可有效降低螺旋桨轴频及辐射噪声，该公式可能不再适用于现代船舶。对于大于200米的大型船舶，利用近年来在黄海航道测量的航船辐射噪声数据建立的航船噪声谱源级模型。

图9-4是长度250米的航船在不同航速时对应的航船噪声源级。

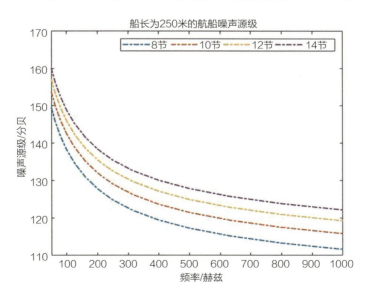

图9-4　长度250米航船不同航速对应的航船噪声源级

（3）降雨噪声

海上降雨会导致1千赫兹至100千赫兹频段的海洋环境噪声级显著提高。从微观上看，雨成噪声是由大量统计独立的雨滴作为点源辐射的声波能量之和。对于单颗雨滴，它产生的水下噪声强度主要与雨滴大小、形状、入水速度和入水角度等因素有关，我们可采用以雨滴粒径、入水速度和单一雨滴产生的水下功率谱来描述雨噪声强度。

### 9.2.1.2　海洋环境噪声快速预报模型

基于海上船舶密度分布统计特征，并考虑到海面下存在通常视为均匀分布的风生破碎波浪等产生的风关噪声源，海洋环境噪声快速预报采用混合型非均匀分布噪声源模型，假设在海面下一无限大水平面上均匀分布着无数等强度独立风关噪声源，海面下另一深度平面上存在$n$个不等强度航船噪声源，如图9–5所示。为便于描述，这里考虑风关噪声源分布在$z = z_{s1}$平面、航船噪声源分布在$z = z_{s2}$平面上，这两个平面不失一般性地可推广至任意深度的平面上存在噪声源情形。实际上根据航船分类结果，可假设同一类型航船噪声源的深度相同。

快速模型在编程实现时，首先根据计算海域的经纬度和计算精度要求，给出接收点的经纬度网格（模型计算输入参数），根据项目获取的气象数据获取海面风的网格数据、降雨网格数据作为风关和降雨噪声计算输入参数；再根据AIS数据获取计算海域的航船分布情况，保留具有完整航船信息（包含航船MMSI号、船长、航速、吃水深度、经纬度）的AIS数据作为航船噪声计算输入信息；然后将大洋海深数据作为模型输入参数，来判断接收点中是否有位于陆地和岛礁的点；最后还要针对其他输入参数计算频率点，接收深度点。

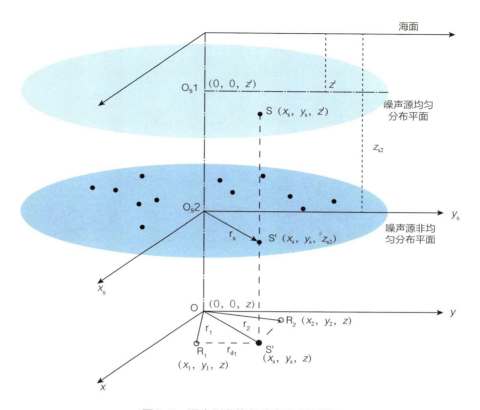

图9-5　混合型非均匀分布噪声源模型

　　海洋环境噪声快速预报模型的计算流程如图9-6所示，风关噪声采用简正波声传播计算程序计算分层介质的声传播损失，航船噪声的声传播损失则使用上述浅海和深海经验公式计算，计算后将每个接收点的风关和航船噪声贡献叠加，得到不同频率点的风关和航船噪声谱级，然后叠加降雨噪声回归谱级，得到海洋环境噪声快速预报的噪声级结果。

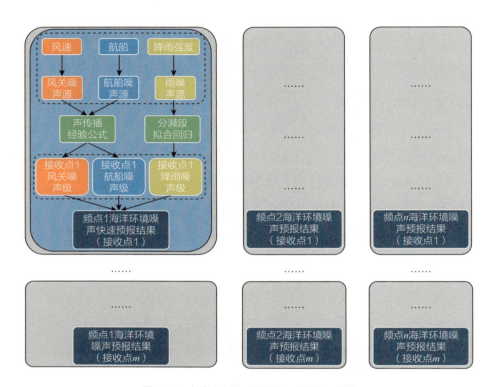

图9-6　海洋环境噪声快速预报模型流程

### 9.2.1.3　海洋环境噪声精细预报模型

实际的海洋环境噪声，从不同类型噪声源传播至接收位置，除了噪声源的时间和空间变化外，海洋波导环境变化（如声速剖面、海底地形变化）也会对海洋环境噪声产生影响，因此海洋环境噪声精细预报模型中采用声传播模型计算声源到接收点的声传播损失。海洋环境噪声精细预报模型的噪声源主要考虑风关和航船噪声源，采用与快速预报相同的源模型。

建立上述风关和航船噪声源模型后，海洋环境噪声精细预报模型还需要考虑计算海域的环境参数，如海底地形、水体声速剖面等，再结合计算频率等因素选取合适的声传播模型，以保证模型计算准确性。目前海洋环境噪声精细预报模型选用了全球大洋水深网格数据来获取海底地形，空间分辨率为30弧秒×30弧秒，水体声速剖面等参数则采用了经验数据。

射线方法在处理高频和深海的声传播计算具有独特的优势，与其他声传播模型相比，射线法计算简洁，适于求解与距离有关的声场环境，图形直观，物理意义清晰明确；抛物方程方法在处理与距离有关的低频声传播方面具有快速、灵活的优点。在海洋环境噪声精细预报建模时，风关噪声主要采用$N \times 2D$三维近似算法，低频抛物方程声传播模型、高频射线法声传播模型的形式；航船噪声只计算1000赫兹以下的频率，同样采用低频抛物方程声传播模型、高频射线法声传播模型的形式。

模型采用柱坐标形式，对于风关噪声，以某位置的垂直接收阵为例，设垂直接收阵所在位置为z轴，以一定的方位角步长进行水平分区，然后根据大洋水深网格数据给出每个方位分区角度中心的海底地形，并利用声传播模型计算每个方位扇区中心角度上声源至接收点的声场，以汇总各扇区获得接收点的总声场。图9-7展现精细模型计算分区示意图。

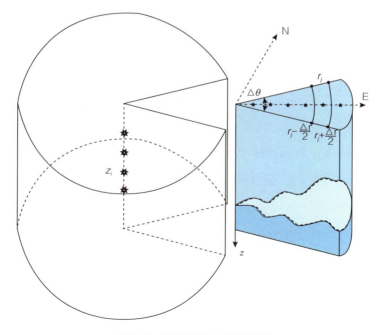

图9-7　模型计算分区示意图

海洋环境噪声精细预报模型的计算流程如图9-8所示。模型输入参数同样需要计算海域的经纬度网格、风速网格数据、有效的AIS航船数据、降雨网格数据、频点、深度，以及水平分区数。

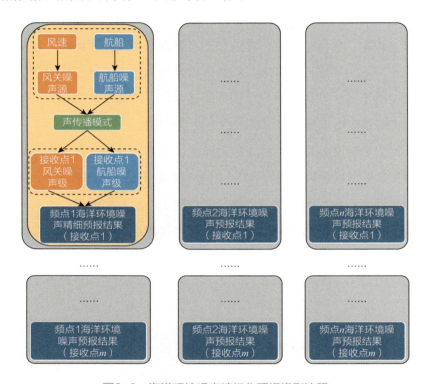

图9-8　海洋环境噪声精细化预报模型流程

将某个接收位置相同频率的风关噪声、航船噪声进行能量累加，最终可获得海洋环境噪声精细预报的噪声级。按照上述步骤可以获得其他接收位置的海洋环境噪声的预报结果。当频率变化、声源和接收位置及其之间的海洋波导环境发生变化时，声传播损失就需要重新计算，所以海洋环境噪声精细预报模型相对于快速预报模型需要耗费更多的计算时间。

### ⊕ 9.2.2  海洋环境噪声分析应用

海洋环境噪声反映了海洋本身的自然特性，是海洋的一个重要声学特征，蕴含了有关海面气象、冰层，水体的结构和动态，海底地形和底质，海洋动物的行为，人类活动（航运、海洋工程、海洋声学试验）等多方面大量声信息。对海洋环境噪声实测数据进行处理分析可以通过很小的代价获得较丰富的海洋声学信息，例如海面风速、降雨估计，海洋发声生物识别，附近航船监测，海底声学参数反演等。

海洋环境噪声分析应用软件可根据实测噪声数据进行通过监测点的航船数量监测、风速雨量监测、发声鱼类识别以及声环境噪声级监测。软件通过分析目标海域海洋环境噪声源特性，基于实测数据进行有价值信息的智能获取，在功能模块构建上可满足非专业用户可读的要求。

#### 9.2.2.1  航船通航量监测

（1）基于通过曲线的航船通航量监测

在航船经过测点时，实测噪声20～1000赫兹宽带噪声级时间变化图和海洋环境噪声时频图如图9-9所示，可见当航船距离测点较近时，由于航船和水听器间距变化，其时域通过曲线存在明显先升高后降低的趋势，因此我们可根据是否形成通过曲线，判断测点附近是否有航船经过。

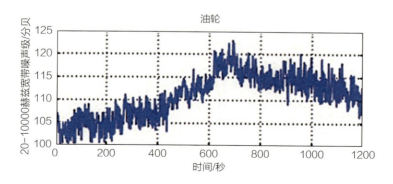

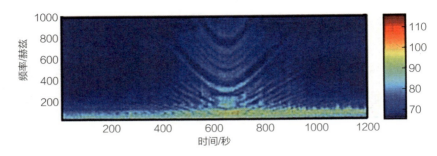

图9-9　航船噪声通过曲线和时频图

航船通过测点时，其时频图出现显著的多途干涉引起的明暗条纹。

图9-10和图9-11分别给出某渔船不同航速下的时频图及干涉条纹拟合结果。干涉条纹呈现抛物线形状，我们利用抛物线对航船通过曲线进行动态跟踪拟合，可根据相似度极点数目判断一段时间内的航船通行数目。

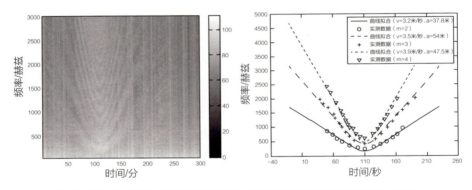

图9-10　某渔船辐射噪声时频图及干涉条纹拟合结果（航速7.4节）

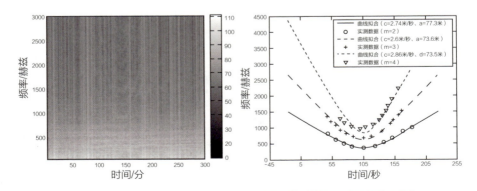

图9-11　某渔船辐射噪声时频图及干涉条纹拟合结果（航速6.4节）

（2）基于AIS数据的航船通行量判断

我们通过分析一段时间内的AIS数据，统计不同航船的航行轨迹，可获得测点与航船正横距离。

当正横距离小于某阈值时，可初步判断航轨迹船经过测点，之后，可进一步根据三点夹角大小确定航船是否通过测点，如图9-12所示。

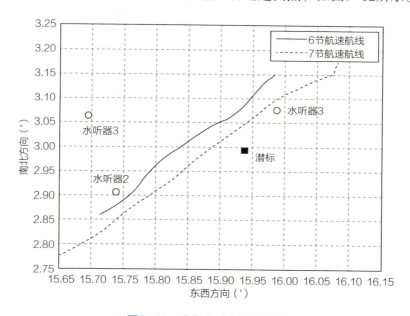

图9-12　渔船轨迹与测点位置

航船通航量监测应用显示界面如图9-13所示。

### 9.2.2.2　风速雨量监测

（1）海面风速监测

基于开阔海域海洋环境噪声级与海面风速具有高度相关的特点，可通过大量实测数据分析得到关注海域的关系参数$Q$、$G$，进而利用环境噪声实测数据实时监测海面风速。

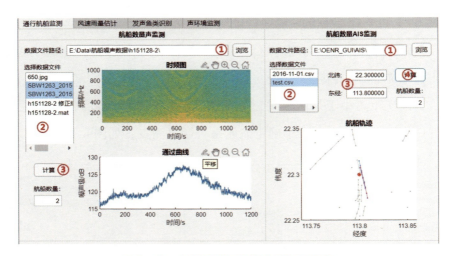

图9-13　航船通航量监测应用显示界面

（2）海面降雨量监测

降雨是间歇的噪声源，海面上不同降雨强度产生的雨噪声谱具有独特的谱形状，如大雨和小雨的谱有明显不同的特征。根据雨噪声频域特征，基于雨噪声谱特征的经验算法，可利用雨噪声估算海面降雨级别。

根据风速雨量估计的噪声功率谱如图9-14所示。

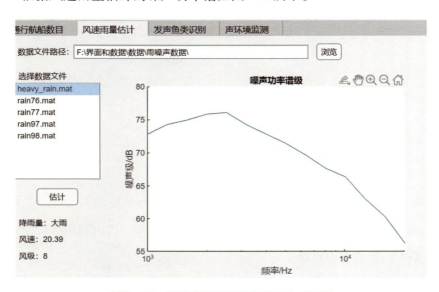

图9-14　根据风速雨量估计的噪声功率谱

### 9.2.2.3 海洋发声生物分类识别

以大黄鱼、黄姑鱼、鲵鱼三种发声鱼类为例，利用小波包分解方法对大黄鱼、黄姑鱼、鲵鱼三种发声特征进行分析，可对比发现这三类信号的小波包时频分布有着较大的差异性，差异性可用于分类器的有效识别。这里将三类信号的时频图作为特征信息，输入到卷积神经网络（CNNs）进行分类验证。

选用一个简化的七层CNNs网络作为分类器来对提取的时频图特征进行分类验证。本文所搭建的CNNs网络架构如图9-15所示。

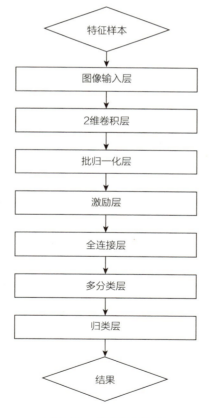

图9-15 卷积神经网络

第一层是图像输入层，它的输入图像大小和时频分布矩阵大小保持一致，均为$32 \times 60 \times 1$。

第二层是卷积层。通过用大小为[16,16]，步长为[1,1]的3个卷积层滤波器实现对输入图像的卷积操作，来进一步提取时频图特征。

第三层是批处理标准化层。该层的放置是为了加快网络的训练速度，减少对网络权重的敏感度。

第四层是线性修正单元（Rectified Linear Unit, ReLU）层。该层是在ReLU判决下将输入的时频图特征中的批处理单元和值小于0的值置为0。

第五层是全连接层。全连接层的运算公式如下：

$$\hat{Y} = W \cdot X + b \qquad\qquad （式9-1）$$

这里，$\hat{Y}$指全连接层的输出，$X$指输入，$W$指权重矩阵，$b$指偏差向量。设全连接层的输出大小为3（和类别数保持一致）。

第六层是softmax层。该层可得到预测类别的后验概率。

第七层是分类输出层。通过取softmax层最大的后验概率对应的类别来得出最终预测类别。

通过将训练样本输入到所搭建CNN网络，可得出如图9-16所示的混淆

图9-16　最高识别准确率时使用的混淆矩阵

矩阵，分类模型输出在验证集达到了99.7%的识别准确率，在测试集中有三个输出类别预测错误，识别准确率达到了99.6%。

图9-17展现了通过海洋声环境实时监测进行发声鱼类识别的应用情况。

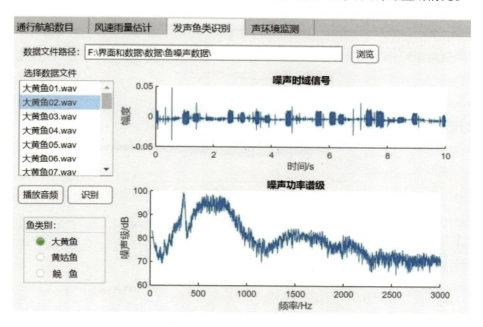

图9-17　通过海洋声环境实时监测进行发声鱼类识别

### 9.2.2.4　海洋声环境监测

通过对海洋环境噪声宽带能量进行实时处理：根据保护物种（参考表9-3）设置声环境监测阈值，再对二者进行比较，可实现海洋声环境实时监测。海洋声环境实时监测应用展现如图9-18所示。

表9-3　美国国家海洋渔业局现行采用的海洋生物保护阀值

| 海洋生物 | 宽带声级保护阈值（分贝） |
|---|---|
| 鳍足目（斑海豹等） | 190 |
| 鲸豚目（江豚等） | 180 |

续表

| 海洋生物 | 宽带声级保护阈值（分贝） |
|---|---|
| 海洋哺乳动物 | 160 |
| 石首鱼科幼鱼（大黄鱼、小黄鱼、黄姑鱼等） | 150 |

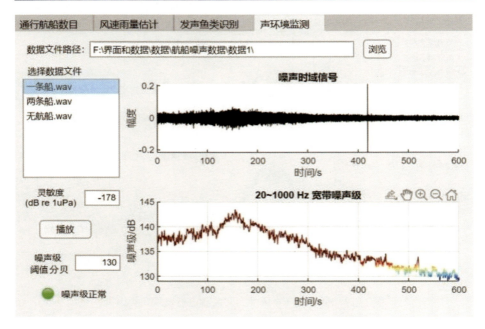

图9-18　海洋声环境实时监测应用

### 9.2.3　海洋环境声学数据综合应用

为提高对海洋环境声学数据的综合分析和利用能力，基于历史和实时获取的海洋环境声数据，开发海洋环境声数据综合应用软件，提供声数据管理、声数据展示、声数据查询与声数据计算等功能，并通过对声数据的初步分析，提供对海洋声学数据的直观表达和理解。

### 9.2.3.1　声数据管理

海洋环境声学数据管理功能对不同来源、不同格式的声数据进行汇集、整理与保存，提供多源声数据文件的上传、删除、设置等管理操作，如图9-19所示。

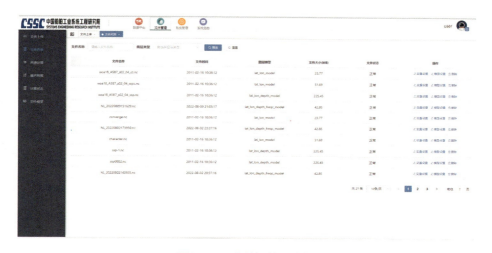

图9-19　声数据管理功能

### 9.2.3.2　声数据展示

声数据展示功能提供声速、声速分层特征、会聚区特征等相关的声学数据可视化展现与分析。

### 9.2.3.3　声数据查询

声数据查询功能可对海洋环境声学数据库中的数据进行点、线、面的查询，既可在地图上用鼠标选择区域，也可手动调整经纬度以搜索感兴趣的区域，如图9-20所示。

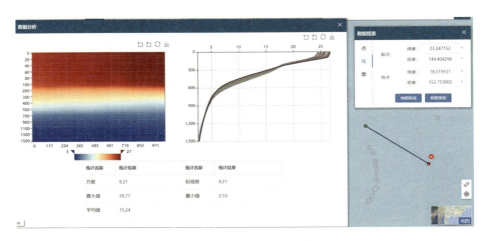

图9-20　声数据查询功能

### 9.2.3.4　声数据计算

（1）声速计算

海洋环境声数据的准确获取和合理分析对水下声传播特征分析、水下探测与隐蔽、水声通信与导航等具有重要的作用。声学数据的实时计算可帮助呈现声速、声速分层特征以及会聚区特征。声速剖面反映了局地海区海洋水文特性在垂直方向的结构特征，它由温度、盐度等水文要素决定，对声传播以及声信道特性具有重要影响，精确计算水下声速对海洋科研与海洋安全具有重要意义。

海水声速测量一般分为直接测量和监测测量，直接测量就是在现场采用声速测量仪直接获得某个测量点的水下声速剖面，用该点测量出来的声速剖面来代表一定时空域测区的声速剖面，这是基于回声测深原理进行的。它测量的是声波在发出后在一定距离上传播的时间或相位，以获得现场的实地声速，具体方法包括干涉法、相位法、脉冲时间法和脉冲循环法等。间接测量则是通过温盐深测量仪（conductivity temperature depth，CTD）、投弃式盐温深仪XCTD、影像测量仪MVP300等海洋仪器获取海水各点CTD数据，然后利用国内外通用的声速经验公式计算海水声速值[51]。

（2）声场计算

声场计算是基于电子海图，以水文数据、地形数据、底质数据为数据源，批量计算声传播损失等结果并进行展示，它包括声场批量计算参数、声传播计算模型测试等。声场批量化计算与模型校验软件采用客户端/服务端架构设计，包含用于人机交互的客户端、用于计算分析和数据管理的服务端两大部分。客户端完成对声场计算与数据显示的参数配置，以及各类信息的可视化展示；服务端完成声场批量计算、模型测试等分析处理过程，并实现多源数据的综合管理。客户端和服务端之间通过网络接口实现信息交互。声场批量化计算与模型校验软件架构如图9-21所示。

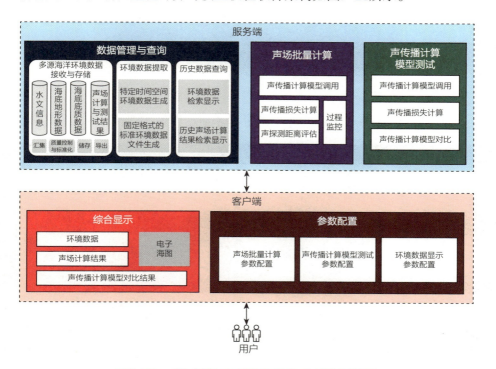

图9-21 声场批量化计算与模型校验软件架构图

声场计算需要配置计算区域与计算声场个数，选择计算模型，设置数据类型、频率、声源深度等参数，然后进入计算过程。由于声波受海洋环境影响，所以海洋中各节点的探测能力与其位置存在显著相关性，图9-22为选中区域每个网格点处对应某一目标的探测距离。

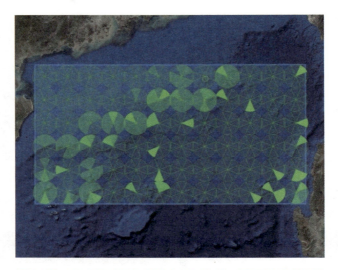

图9-22　选中区域每个网格点处对应某一目标的探测距离

对某点计算的声场结果进行显示，界面如图9-23所示，包括以下要

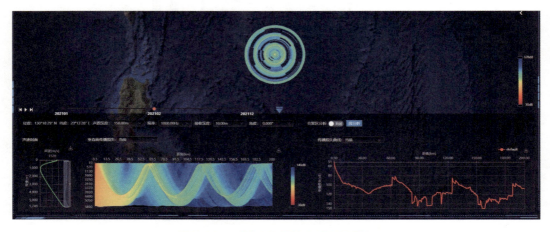

图9-23　对某点计算的声场结果展示

素：该位置处某深度不同方位声场分布，该位置处声速剖面，某角度、某深度处声传播损失曲线，某角度上声传播损失分布。

# 9.3 海洋气象信息应用功能软件

海洋气象信息应用功能软件适用于海洋航运、海洋牧场、防灾减灾、应急救援等多类应用领域。下面以精细化气象服务和可视化气象服务为例描述相应的海洋气象信息应用功能。

## 🌐 9.3.1 精细化气象服务

精细化气象服务提供船只所在位置一定范围内及用户关注海域气象的网格化、精细化的预报，为船舶的航行及监管部门提供决策支持，达到缩小预测范围、提高预测精度的效果。精细化气象服务软件通过调用数据库中的目标位置、航行速度、气象水文、航线等数据，利用多源数据融合分析、时空序列预测分析及光流和卷积神经网络等算法对气象数据进行处理，为用户提供高时间精度及高空间精度的气象服务。

### 9.3.1.1 功能架构

精细化气象服务软件功能架构如图9-24所示，包括地图切换模块、气象数据精度选择模块、数据库访问模块、数据接口模块、人机交互界面模块。

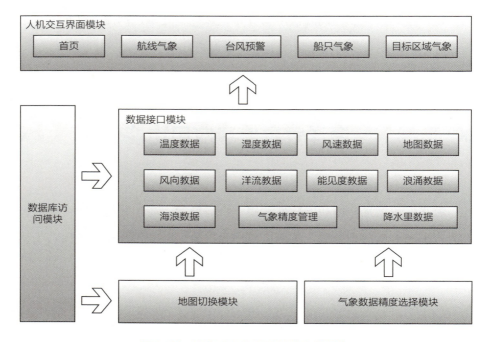

图9-24　精细化气象服务软件功能架构

（1）地图切换模块

地图切换模块向上层应用提供地图数据支持，通过使用工厂模式支持不同地图类型的数据，并将地图数据映射成不同的图层对象，提供统一的图层数据接口，它可使用的是电子海图、卫星地图和谷歌地图。地图切换模块主要用于操作地图，包括添加图层、删除图层、修改图层，点线面的标绘等操作。接口提供矢量图、栅格图和瓦片图等，同时支持Web service、RESTful等接口形式。

（2）气象精度选择模块

气象精度选择模块向上层应用提供不同精度的气象数据，通过使用工厂模式预加载5千米×5千米和10千米×10千米范围内的数据，并将数据映射成对象，提供统一的气象数据接口。

（3）数据库访问模块

数据库模块向上层数据提供数据库支持，通过使用数据库工厂模式支持不同数据类型，并将数据库映射成表对象，提供数据访问统一接口，它可使用MySQL、MongoDB数据库。数据库访问模块主要用于操作数据表，其操作包括增加、删除、修改、查询。在将数据存入数据库时，系统会根据数据在具体应用中的客观情况进行合法性的筛查，对不符合客观要求的数据进行过滤和处理，并将错误信息写在日志文件中。通过查找日志文件，可以发现程序在运行过程中出现的问题，以便对错误进行维护和处理，这样保证了数据的正确性和安全性。该模块根据数据表的不同而分类，将每个数据表封装成相应的表对象，保证数据表之间的独立性和可靠性。

数据库访问模块按功能划分主要有两部分。一是将通用的数据库操作函数进行封装，支持Java、Python和C++语言；二是在不同的数据表对象中，利用封装后的数据库函数实现对固定函数表的访问和操作。

（4）数据接口模块

数据接口模块主要向上层应用提供数据支持，通过为不同的数据提供不同的接口实现界面数据的加载。接口协议采用RESTful API格式。采用GET、POST、PUT、PATCH、DELETE和HEAD等动作表示数据选择、创建、更新和删除等操作。为了保证系统的可扩展性和新旧版本的兼容性，可采用往HEAD字段里添加系统版本号的方式。

采用SSL提供URL以保证程序和数据的安全性。首先，使用超文本传输安全协议（HTTPS）可以在数据包被抓取时多一层防护。目前APP使用环境大部分都是在路由器Wi-Fi环境下，一旦路由器被入侵，黑客就可以非常容易地抓取到用户通过路由器传输的数据，如果使用未经加密的HTTP，那么黑客就可以很轻松地获取用户的信息，甚至是账户信息。RESTful最重要的一个设计原则是客户端与服务器的交互在请求之间是无状态的，也就是说，当涉及用户状态时，每次请求都要带上身份验证信息，大部分都采用

令牌（Token）的认证方式。

（5）人机交互界面模块

人机交互界面模块是实现用户和程序交互的桥梁，通过人机界面上的操作，能够实现相应的海上监管服务单元的功能操作。界面模块根据实际的功能将界面进行分组，有利于界面的友好性，也便于用户的操作。界面模块使用底层封装的业务逻辑处理函数，显示信息等功能操作。将界面与业务处理层分离，有利于增强程序的健壮性并降低程序的耦合性。

人机交互界面模块按照功能进行分组，将各个功能分离开来进行分别处理，各功能都可以调用处理层数据函数，以通过具体的用户操作，实现功能应有的显示和功能操作。人机界面与其他业务逻辑处理层相分离，也有利于程序的低耦合性和完整性，增强了程序的健壮性。

### 9.3.1.2　流程设计

（1）航道数据处理流程

从基础数据库中获取航道基础数据，经过处理后封装航道的概况、宽度、水深、所属港区和航道名称后在基础地理信息平台上显示，如图9-25所示。

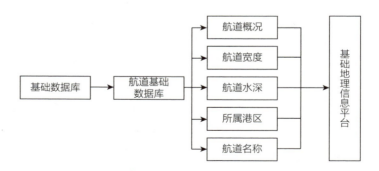

图9-25　航道数据处理流程图

（2）台风数据处理流程

从预处理数据库中获取气象水文数据，再将其使用水文气象处理模型处理后形成气象信息，最终将气象信息在基础地理信息平台上显示，如图9-26所示。

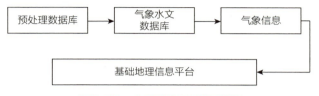

图9-26　台风数据处理流程图

（3）船只目标处理流程

从基础数据库中获取AIS数据库和雷达数据库，经过AIS与雷达目标融合模型处理后在基础地理信息平台上显示，如图9-27所示。

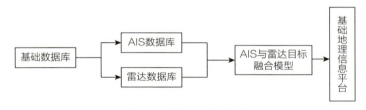

图9-27　船只目标数据处理流程图

（4）基于航道的精细化气象服务处理流程

基于航道的精细化气象服务处理流程如图9-28所示。

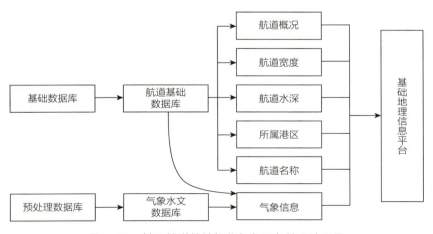

图9-28　基于航道的精细化气象服务处理流程图

（5）海上台风的精细化预警服务处理流程

海上台风的精细化预警服务处理流程如图9-29所示，根据最新台风动态和未来可能受影响的情况，发布以下信息：

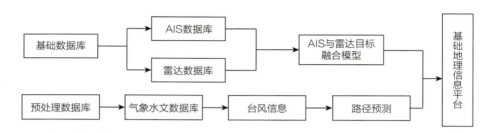

图9-29　海上台风的精细化预警服务处理流程图

1）台风预报预警服务，提供台风实时信息和路径，包括风速、移速、经纬度、气压、近中心最大风力等级；

2）台风路径预测，提供台风未来3天路径概率预报图；

3）对台风移动过程中沿途一定范围（如30海里）内船只数量进行统计，并由相关部门统一提供台风天气防台应急措施方案。

（6）基于船舶位置的精细化气象服务处理流程

基于船舶位置的精细化气象服务处理流程如图9-30所示，针对船舶的定制化气象服务，具体包括以下几个方面：

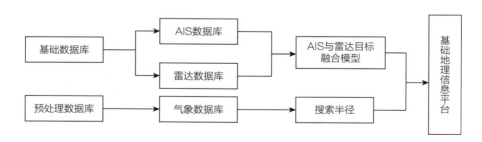

图9-30　基于船舶位置的精细化气象服务处理流程

1）基本信息包括船名、船员信息、位置、船只类型、船长船宽、吃水深度、航向、速度等。

2）若船只不在气象服务范围内，给出提示信息；服务范围内提供的气象信息包括天气类型、温度、湿度、洋流、潮汐、风向、风速、风浪高度、浪向、涌浪高度、涌向等。

3）进行未来3天的气象预报，提供天气特点和冷空气、降水过程、晴雨转折、平均海上风力及等级，并根据预报内容进行天气影响分析和航行重点提示。

## ⊕ 9.3.2 三维可视化气象服务

三维可视化气象服务系统以三维GIS引擎为载体，仿真气象环境，将雨、雾、雪、云层、海水海浪等自然环境进行三维展现，适用于沿海各省、市、县等气象部门针对气象环境的展示介绍与交流。

### 9.3.2.1 运行环境

三维可视化气象服务系统运行环境要求如下：

1）操作系统：Windows10或以上版本；

2）CPU:Intel i7或以上；

3）内存：8GB或以上（建议16GB或以上）；

4）硬盘：512G或以上；

5）显卡：英伟达GTX1060或以上。

### 9.3.2.2 功能模块

三维可视化气象服务系统包括以下功能模块：日期时间设置、雨天展示与雨量调整、雪天展示与雪量调整、雾的展示与浓度调整、云的展示、

海水海浪展示与浪的大小调整等。

（1）基于日期时间的大气环境可视化

用户可通过调整系统日期和时刻，展示不同季节或日期的日出、日落、中午阳光直射、夜晚星空等地球大气环境现象，图9-31为日出现象的可视化，图9-32和图9-33为夜晚星空现象的可视化。

图9-31　日出现象

图9-32　夏至星空现象

图9-33　冬至星空现象

（2）雨量雪量调整

用户可通过系统的雨量大小控制阀来调整雨量的大小，并在系统内观察到雨滴大小、雨的稠密度的变化，还可以通过调节雪量大小滑动按钮来控制雪量的大小，展示小雪、中雪和大雪的不同现象，图9-34展示了大雪效果。

图9-34　大雪展现效果

（3）雾调整

用户可通过系统的雾滑块按钮开启并调整雾，如图9-35所示。

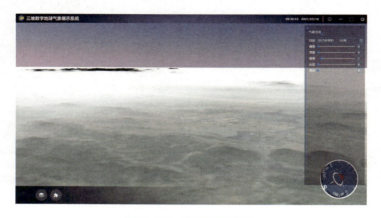

图9-35　雾的展现效果

（4）云层

依据气象学上云的分类，选择了几种典型的云彩并用程序自动实现，过程中不需要人工干预，能够产生一定真实感的云景。在系统中，设置合理的参数生成的云就能够生成不同密度的云团，例如：淡积云、浓积云、碎积云、高积云等，还可通过系统的云层滑块按钮来调整云的种类，包括积云、卷云、层云，如图9-36所示。

图9-36　积云展示效果

（5）海水海浪

用户可通过海浪滑块来调整海浪的大小，图9–37显示了5级海浪效果。

图9-37　5级海浪展现效果

# 9.4　基于区块链的海洋数据安全共享应用软件

## 9.4.1　"海洋数据孤岛"问题

（1）海洋数据规范与标准体系不统一

多年来我国已制定了一些与海洋数据相关的标准规范，但相当一部分标准不一致，如国家、地方、城市之间的空间定位基准（平面和高程）不一，数据存储管理和交换标准各异等。统一的海洋数据规范与标准体系尚未建立，使得海洋数据兼容性、可比性差，利用率低，完整性和权威性也难以得到保证，海洋数据用户面对的数据集和数据格式较为混乱。

（2）数据信息分级分类不明确

多年来，我国海洋监测数据信息一直没有进行过分级和分类，监测数据信息的级别不明、类别不清，没有形成依据明确、科学合理的分级分类体系，这使得海洋监测数据信息的管理以及数据信息的应用、共享和服务等无章可循，并在一定程度上影响和制约了海洋监测数据信息的利用效率[52]。

（3）数据信息发布内容不丰富

目前我国海洋监测数据公开发布的信息都为经整编、统计、分析的评价类信息，基本不涉及原始监测数据，造成发布和共享的海洋环境监测数据信息类型单一、可利用率低，信息内容几乎多年不变。

（4）海洋数据资源系统缺乏统一的规划与整合

目前我国海洋科学数据资源仍缺乏综合性的国家海洋信息化规划，跨部门、跨系统间的海洋科学数据信息资源相对分散，海洋数据的使用服务统一协调性差。大多数现有的海洋数据库系统仍处于原始的离散状态，系统的性能和功能难以满足海洋数据共享服务的需求，对海洋开发、海洋综合管理等起支撑作用的有效信息也未被充分提取使用[53]。

（5）海洋数据共享服务网络平台无法满足需求

目前我国已开通"中国海洋信息网"等部分业务中心网站以及国家海洋监测数据传输网、海洋卫星数据传输系统等网络系统，具备了一定的数据通信与传输能力，但海洋数据共享所必需的快速查询检索、传输、下载等服务能力以及数据在线处理与更新能力不足。针对无偿／有偿、公开／敏感、在线／离线、浏览／下载等相结合的共享网络访问控制、信息灾难恢复等技术和手段还需进一步提高。

（6）海洋数据管理与服务质量体系不健全

目前我国尚未完全形成从原始数据采集、数据传输、数据处理、数据保管到数据应用与共享服务的海洋数据质量管理体系，针对海洋数据本身的质量评估体系建设也有待加强，这使得海洋科学数据获取、处理、管理和共享各个环节的准确性和可靠性难以有效管控。

（7）海洋科学数据资源管理与共享体制亟待完善

我国在相关资料领域已从国家高度制定了一些法律法规，如《中华人民共和国测绘成果管理规定》和《地质资料管理条例》等。我国涉海部委和沿海地区也纷纷基于自身需求制定了相关规章制度，其中不乏对海洋数据的汇交、使用和共享的规定，如《海洋观测预报管理条例》规定了海洋观测资料的汇交使用，《海洋资料申请使用审批管理暂行办法》对海洋局内海洋数据的使用服务做出了规定。但是，由于缺少海洋资料管理的相关法律制度和高层次的海洋信息管理体制，对于海洋资料的所有权、采集权、资料的归属和转移尚未有明确规定，使盲目的海洋信息垄断现象得以蔓延，国家资源大量浪费，已有的信息资源不能充分利用，低水平的重复调查和研究现象严重，直接制约了我国海洋科学研究的发展。

## 9.4.2　数据共享平台与联盟链的结合

联盟链仅限于联盟成员，因其只针对成员开放全部或部分功能，所以联盟链上的读写权限以及记账规则都需要按联盟规则来"私人定制"。联盟链上的共识过程由预先选好的节点控制，一般来说，它适用于机构间的交易、结算或清算等B2B场景。

以Hyperledger为代表的联盟链可以很方便地使得各部门和单位自有的数据资产在区块链网络上实现去中心化，这样就使得数据资产相关方不需要通过中间环节，就可以直接访问每个资产，进而发起交易和获取相关信息。交易和实时结算可以在各部门和单位之间商定的时间期限内解决，数

据资产相关者可以实时掌握资产情况。数据资产相关方可以增加业务规则，这样也能通过自动化逻辑的应用来进一步降低成本。创建资产的人必须像用例保证的那样，实现资产和相关交易规则保密或者公开[54]。

为保护用户及交易的隐私与安全，联盟链Hyperledger Fabric平台提供了一套完整的数据加密传输与处理机制，区块链数据仅在联盟内开放，非联盟成员无法访问联盟链内的数据，即使在同一个联盟内，不同业务之间的数据也进行一定的隔离，从而提供更好的安全隐私保护[55]。海洋物联网利用开放的Hyperledger Fabric平台提供海洋信息安全共享服务，服务架构如图8-2所示，包括区块链底层服务、区块链网络管理服务、区块链数据安全服务，以及基于区块链的海洋物联网信息安全共享应用。

利用联盟链在数字资产的确认，参与人员的协作，与交易数据的溯源方面的优势可以使共享经济在各个涉海的相关管理部门中产生。

### 🌐 9.4.3　数据共享平台与公有链的结合

公有链对所有人公开，用户不需要注册和授权就能够匿名访问网络和区块，任何人都可以自由加入和退出网络，并参与记账和交易。公有链是真正完全意义上的去中心化区块链，它通过密码学（非对称加密）算法保证了交易的安全性和不可篡改性，在陌生的网络（非安全）环境中，建立了互信和共识机制。公有链因为人人可参与，无须授权的特点又被称为非许可链——在公有链中，人们不需要验证身份即可参与一切网络活动。公有链适用于数字货币、电子商务、互联网金融、知识产权等应用场景。

## ⊕ 9.4.4　区块链技术在数据存储中的典型应用

### 9.4.4.1　基于区块链技术的数据存储简介

区块链是一个多方共识机制，共识算法建立在整个技术信任的基础上，确保了数据的真实性、有效性，确保了链上的人们互相监督，以保证记录在链上的数据一定是正确可靠的。因此，区块链在数据存储方面具有两个非常鲜明的特点。

一是多方参与协作记账，它天然地实现了冗余的多存储灾备。区块链去中心化分布式数据记账系统，如图9-38所示，比多数据灾备中心模式具有更高的可用性。这主要是因为区块链系统的维护者分布在全球，通过保存一套完整历史数据库的副本，一起共同保存历史数据库。通过全球合作，区块链系统也获得了跨时区连续运行的能力。

图9-38　区块链的去中心化记账模式

二是密码学机制保障其存储逻辑和时间逻辑，通过多方比对实现数据的不可删除、不可篡改、不可抵赖。区块链采用了时间有序不可篡改的密码学账本结构，如图9-39所示。区块（完整历史）+ 链（完全验证）=时间戳 "区块+链" 的结构提供了一个数据库的完整历史，区块链上存储了系

统全部的历史数据，并且可以提供对数据库内每一笔数据的查找功能。同时，区块链内存储的信息都经过哈希压缩，由于其单向性，哈希值是可验证但不会被还原的，所以区块链还起到了一定程度的信息保密作用。

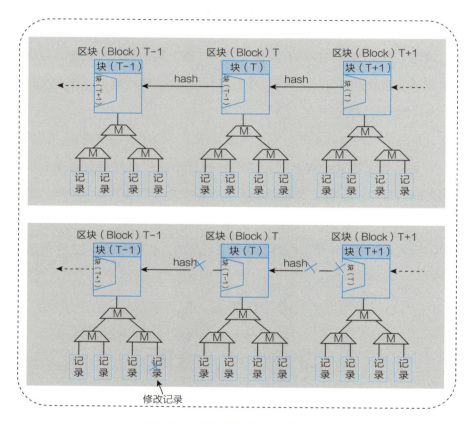

图9-39 区块链数据的不可篡改性

### 9.4.4.2 IPFS："星际区块链网络"

Inter Planetary File System（IPFS），由Protocol Lab提出，是一个P2P的分布式文件系统。IPFS可以将数据分片存储到分布式的存储节点。为保证数据真实与不可篡改，IPFS维护了一个分布式的哈希表，以实现Merkle DAG的数据结构。为适应内容的升级，也集成了git版本管理的技术。

IPFS具有如下特性：

（1）互联网信息永久存储

IPFS像是一个分布式存储网络（类似于Sia），任何存储在系统里的资源，通过哈希运算后，都会生成唯一的地址，具备不可篡改和删除的特性。这意味着一旦数据存储在IPFS中，它就会是永久性的。

（2）解决"过度冗余"问题

HTTP协议存在弊端，同样的资源可以备份多次造成过度冗余。而IPFS会对存储文件进行一次哈希计算，相同文件哈希值一致。哈希值就是文件的地址，使用哈希值即可获取文件，实现资源共享。

### 9.4.4.3　Sia：美国云存储平台

Sia是基于区块链技术的去中心化云存储平台，其系统内置代币Siacoin，侧重企业云存储解决方案。它在交易中采用（$M, N$）多重签名方案，彻底绕开了脚本系统，这减少了系统的复杂性以及受攻击面。

Sia通过合约、证明和合约更新，扩展了交易使其可以创建和执行存储合约。合约声明了一个主机存储了某规模的文件以及摘要值。对于已经创建的合约，系统后续可以通过合约更新来修改合约。

Sia还使用纠删码（erasure code, EC）技术，即Reed–Solomn编码，来保证信息的高可用性而无过多冗余。

### 🌐 9.4.5　基于区块链技术的海洋数据资源共享应用模式

针对涉海领域"数据孤岛"的本质原因，以区块链技术的特点与优势为基础，结合区块链技术在数据存储与资产管理方面的成功案例，进一步延伸应用于海洋数据开放共享与增值流通领域，分析技术可行性与商业可信性[56]。

在海洋物联网业务应用中，采用全新的去中心化系统架构与计算范式设计海洋数据资源共享应用模式，基于区块链技术，针对现存问题形成突破，实现海洋数据的自由发布、自主发现、灵活交付，交易过程安全可控、全面监管，为海洋大数据安全共享与交易提供坚实的保障，如图9-40所示。

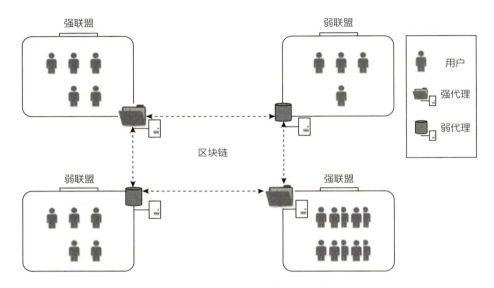

图9-40　海洋数据资源共享应用模式

联盟链是一种特殊的区块链，它将区块链上的节点人为地分为若干联盟并建立联盟代理节点，由联盟代理节点执行共识算法，减少网络开销。本课题以涉海管理部门、科研单位、相关企业为目标用户和网络节点，以用户节点为单位构建海洋数据联盟链，根据不同机构的规模大小和数据处理能力，建立强代理和弱代理两种管理节点并将其用于执行共识算法，进而形成强联盟和弱联盟[57]。

（1）基于改良DPoS的共识机制

共识协议或共识平台是分布式账本技术的核心。决策权越分散，系统达成共识的效率越低，但系统更稳定、满意度更高；决策权越集中，系统更易达成共识名单同时更易出现独裁。因此，采用何种共识机制决定了整个系统的效率和稳定性。共识机制要解决的核心问题是在网络中有节点作恶时如何能够达成共识，即网络是否具有拜占庭容错能力。目前，考虑到拜占庭容错问题，广泛应用的共识机制包括 PoW、PoS、DPoS、PBFT等。本课题将传统DPoS（股权授权证明）共识机制加以改良，将传统DPoS通过投票决定代理记账节点的形式改为直接将记账权分配给各联盟的代理节点，对交易进行验证和记账，从而使得每个联盟都包含一个记账节点，且记账节点为联盟管理员实际控制下的代理节点。DPoS共识机制很大程度地降低了区块链的网络负载，它同比特币采用的工作量证明（PoW）共识机制相比节省了全网算力，且依旧能够允许拜占庭容错；而舍弃授权投票过程这一改动使得整个共识过程得以简化，将记账权固定授予联盟管理员监管下的、具有更高硬件性能的代理节点，使得系统更加可靠，可监管性更强。

（2）基于SHA256哈希算法的数据校验设计

哈希算法将任意长度的输入值映射为较短的固定长度的二进制值。SHA256算法是哈希算法的一种，它将任意长度的输入映射为256位的固定长度输出，这个输出的二进制值称为哈希值。在区块链中，所有交易数据经过两次SHA256哈希运算存于Merkle树中，同时生成该次交易的数字签名，实现快速归纳和校验区块中交易的完整性和存在性，图9-41为区块链示意，图9-42展示了Merkle树中的交易哈希。

图9-41　区块链示意图

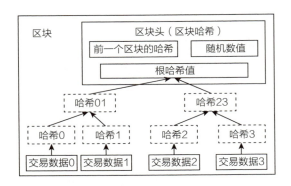

图9-42　Merkle树中的交易哈希

（3）去中心化的数据存储

传统的数据存储是依赖于数据中心的中心化存储，在这样的存储方式下，若数据服务器载荷过大，或遭遇黑客攻击，效率和安全性则无法保证。相比之下，去中心化存储把数据分布到多个网络节点（类似于区块链的分布式账本技术），利用了异地分布的区域性或全球性的特点，在很大程度上解决了这一问题[58]。用户持有的海洋数据资源采用去中心化的方式存储，所有强代理节点共同完成海洋数据的存储工作，这降低了系统的网络载荷并具备了一定的容灾能力，使整个系统更加安全、高效[59]。

## 🌐 9.4.6　跨部门海洋数据安全共享典型应用

### 9.4.6.1　跨部门海洋数据共享平台整体架构

本节以志愿船这一"智慧海洋"工程中的典型应用为代表，针对海洋数据资源跨部门开放共享、所有权保护、数据有偿使用等问题，设计以下区块链平台[60]。

基于区块链的跨部门海洋数据共享平台架构如图9-43所示，平台架构以涉海管理部门、科研单位、相关企业为目标用户与网络节点，通过该平台初步构建出海洋数据联盟区块链，使得海洋数据资源跨实现部门的开放共享。

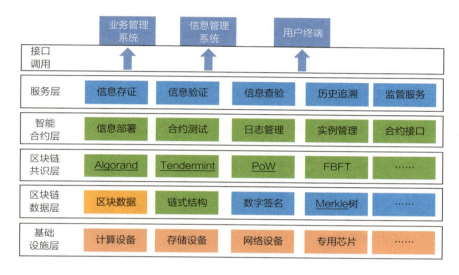

图9-43　基于区块链的跨部门海洋数据共享平台架构图

基于区块链的跨部门海洋数据共享平台主要由基础设施层、区块链数据层、区块链共识层、智能合约层、服务层和应用层组成。在基础设施层内，此系统使用了包括专用设备、路由器以及服务器等硬件设施，这些硬件设施为它提供了基础的数据存储，转发与计算能力。

区块链数据层是这个系统中的中心环节，它使用了链式结构，时间戳，哈希函数，Merkle树与非对称加密等技术使得包括区块链管理节点、区块链认证节点以及涉海管理部门、科研单位、相关企业等节点可以运行在一个公平、公开、可信与可溯源的系统环境中。

区块链中使用的时间戳技术会要求获得记账权的节点必须在当前数据区块头中加盖时间戳，表明区块数据的写入时间。区块链系统中不会直接保存原始数据或交易记录，而是保存其哈希函数值，即将原始数据编码

为特定长度的由数字和字母组成的字符串后记入区块链，这种做法增加了区块链系统的安全性。Merkle树是区块链系统中一种重要的数据结构，其作用是快速归纳和校验区块数据的存在性和完整性。非对称加密是为实现区块链系统中的安全性需求和所有权验证需求而集成到区块链中的加密技术，这种技术可以唯一标识区块链系统中节点的身份，使得区块链上的信息具有不可抵赖性。智能合约层由合约部署、合约测试、日志管理、实例管理和合约接口组成，智能合约确保了区块链数据的透明，使数据便于用户的监管。

服务层与应用层通过与智能合约进行交互来实现信息中心管理系统、业务中心系统与区块链底层系统的连接，进而提供信息存证、信息验证、信息查验、历史追溯、监管服务，以实现信息的交换和共享并向用户查询检索等的通用功能。

### 9.4.6.2　跨部门海洋数据共享平台基本模型

涉海单位间的区块链网络主要采用联盟链网络模型，即各个组织拥有一个区块链节点，没有中心节点。组织是指有能力在服务器上运行一个及以上区块链节点的一个或几个单位的集合。基于区块链的跨部门海洋数据共享平台基本模型如图9-44所示。

#### 9.4.6.2.1　某一海洋部门内处理流程

本小节介绍了在某一海洋部门内，将采集数据存储于本基于区块链的跨部门海洋数据共享平台之上的过程。如图9-44所示，整个模型图是各个组织的集合（组织是指若干部门的区块链节点的集合）。下面我们以志愿船靠岸为案例进行分析。

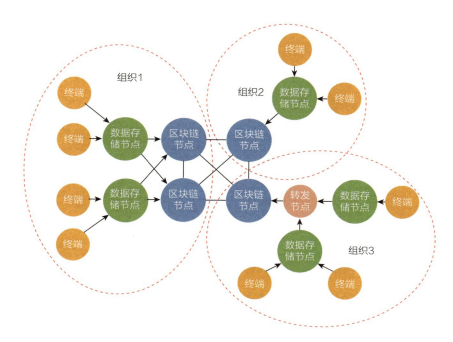

图9-44　基于区块链的跨部门海洋数据共享平台模型图

　　志愿船在登陆靠岸之后，采集到了新数据，要将其存储于该共享平台之上。首先，志愿船通过登录终端，将观测的数据上传到本组织的服务器记录；然后，本组织对数据进行人工或者自动审核；最后，区块链节点将数据块的摘要（例如地点、时间、版权信息等）和数据详情的数字摘要等存入区块链账本，区块链则返回这个数据块记录在链上的唯一标志。一条数据流转记录就产生了，若干条数据流转记录交织就形成了如图9-44所示的基于区块链的跨部门海洋数据共享平台模型图。

### 9.4.6.2.2　跨部门间海洋数据共享流通

　　基于区块链可以实现数据的跨部门间共享流通。首先，网络中各方可以浏览各个数据块的数据摘要。其次，如果有人需要某个数据块的详情，则可以向数据所有方发起索取请求，数据所有方若同意后，将数据块发送给索取方，然后双方进行代币的转移。最后，根据代币的数额，每隔一段

时间各方会进行一次结算。

### 9.4.6.2.3　权限控制与监管

由于海洋数据比较敏感，不是任何人都可以对数据进行操作的，所以必须进行准入控制和权限管理。准入控制分为两级：终端节点向数据存储节点上传数据的权限，数据存储节点向区块链节点上传数据块的权限；区块链节点加入区块链网络的权限，这需要数字证书和数字证书分发中心的支持。

### 9.4.6.2.4　跨链数据共享

数据共享平台的目标就是要彻底解决涉海部门之间存在的"数据孤岛"问题，所以数据共享平台中数据的互联互通的解决就包含着两个层面的含义：以海洋数据的流动为导向来为涉海相关部门打造多条相关的联盟链；以海洋数据的价值为导向来实现涉海相关部门联盟链之间的相互连接。

由此，涉海部门之间存在的"数据孤岛"问题就会得到根本性的解决，而其中的关键性技术就是如何实现数据共享平台中的跨链技术。针对涉海部门之间的区块链跨链数据共享以及交易的需求，本项目拟通过对区块链跨链交易技术的深入研究，提出一种全新的区块链跨链交易架构——互联链，它包括互联链体系结构、互联链共识机制与传输协议和互联链隐私保护机制这四个部分。项目将借助互联链来实现任意独立区块链之间的互联互通，并保障跨链交易的有效性和用户隐私数据的安全性。

区块链跨链数据共享的框架如图9-45所示，它包括了三个层层递进的内容。一是对实现跨链交易的中间网络进行需求分析，并在此基础上构建一个能满足不同区块链互联互通需求的互联链网络，以实现其与平行区块链网络的连接，并设计互联链的区块结构；二是在此基础上进一步提出互联链的共识机制及传输协议，以保证整个互联链的通用性与交易的安全性；三是提出互联链的隐私保护机制，以保证跨链交易的隐私性。

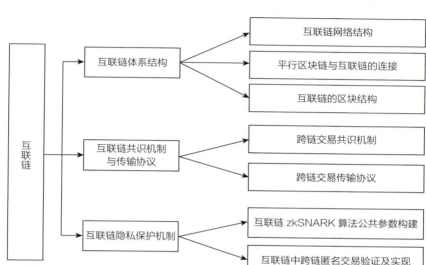

图9-45　区块链跨链数据共享的框架

### 9.4.6.2.5　基于区块链的海洋数据共享平台模型

（1）基于区块链的海洋数字数据平台设计

基于区块链的海洋数字信息共享平台会首先将同一领域的涉海单位利用联盟链进行串联，来让这些涉海单位协作以高效地生产、整合数据。然后再利用本项目开发的互联链来将不同类型的涉海单位形成的不同的联盟链给串联起来，以保证不同领域的涉海单位可以协作以高效地实现数据价值的流通。最后通过设计一个数字市场来将涉海单位与普通企业、民众串联起来，以保证涉海单位生产出来的数据可以高效地流向企业，流向社会。

（2）基于区块链的海洋数据共享平台实现

基于区块链的数字信息共享平台由三个部分实现而成，一部分是实现涉海单位间海洋数据高效、可信流通的协作平台，另一部分是实现不同类型的涉海单位形成的不同的联盟链的串联互通，最后一个部分是实现涉海单位与普通企业、民众间海洋数据高效、可信流通的海洋数据市场平台。

我们以Hyperledger Fabric为基础开发出一条为涉海相关单位服务的涉海单位间的联盟链，即涉海部门间的协作平台。该协作平台将具体开发出如下几个功能：

1）涉海单位对上传到协作平台的海洋数据的哈希功能的实现；

2）涉海单位之间价值传输的中介，数字货币功能的实现；

3）证明涉海单位节点身份的公钥私钥系统功能的实现；

4）涉海单位之间动态生成关于交换数据的各种智能合约功能的实现；

5）对海洋数据上传、下载节点权限的控制功能的实现；

6）对海洋数据及智能合约溯源功能的实现；

7）对海洋数据特征介绍解析功能的实现。

如此，涉海单位间的协作平台就得以实现，涉海单位首先将自己本单位收集处理得到的海洋数据传给哈希函数而得到基于该数据块的哈希值，然后再利用协作平台编写该数据的基本特征介绍，读取该数据的特定智能合约。

对于实现不同类型的涉海单位形成的不同的联盟链的串联互通，本文采用的是本项目自行研发的互联链。互联链是包括互联链体系结构、互联链共识机制与传输协议和互联链隐私保护机制这四个部分，实现任意独立区块链之间的互联互通，并保障跨链交易的有效性和用户隐私数据的安全性的一种全新的区块链跨链交易架构。当不同联盟链之间有交易数据的需求时，会使用互联链的统一接口来将数据打包成为区块，并上交给互联链，并利用互联链来实现不同联盟链之间数据的互联互通。

为了实现涉海单位与普通企业、民众间海洋数据的可信、高效流通的这一目的，数字信息共享平台将以以太坊公有链为基础打造一个海洋数据市场平台。基于以太坊公链，海洋数据市场平台将具体开发出如下几个功能：

1）涉海单位对上传到数据市场的海洋数据的哈希功能的实现；

2）涉海单位与普通企业、民众之间价值传输的中介即数字货币功能的实现；

3）证明涉海单位节点身份的公钥私钥系统功能的实现；

4）涉海单位动态生成关于如何取得该数据的各种智能合约功能的实现；

5）对海洋数据上传、下载节点权限的控制功能的实现；

6）企业、民众对海洋数据，智能合约溯源功能的实现；

7）对海洋数据特征介绍解析功能的实现。

如此，海洋数据市场平台就将得以实现，涉海单位首先将本单位在涉海部门协作平台中收集到的海洋数据与单位的数据进行整合，然后再把本单位利用自己的海洋数据处理技术处理得到的海洋数据传给哈希函数，获得基于该数据块的哈希值。然后再利用海洋数据市场平台编写设定该数据的特征，读取该数据的特定规则。

协作平台、跨链技术与数字市场很好地解决了涉海部门如何高效协作生产数据，涉海部门如何高效整合数据以及涉海部门如何高效地向人们提供数据这三大核心问题。将利用区块链技术打造的协作平台与数字市场合并起来就是本文研究实现的基于区块链的数字信息共享平台。

### 9.4.6.2.6 平台整体流程图

基于区块链的智能合约构建和执行可分为如下三步：第一，合约由多方用户共同参与制定；第二，P2P网络扩散合约并存入区块链；第三，区块链的智能合约自动执行检查、验证、保存等过程。根据区块链技术路径，基于区块链的海洋数据共享流通的流程如图9-46所示。

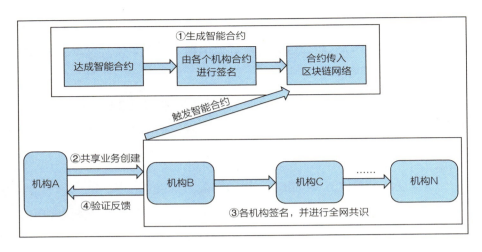

图9-46　基于区块链的海洋数据共享流通的流程

（1）生成智能合约

海洋数据资源部门参与到区块链中，每个部门都掌握一对公钥和私钥，以保障其在区块链内的权限。各部门根据需要共同商定一份承诺，承诺规定了双方的权利和义务，然后将承诺以电子化形式编程，使其转变为机器语言，之后，各部门用各自掌握的私钥进行签名以确保合约的有效性。各部门共同选择某部门作为区块链的共识节点，由它代为执行把智能合约传入区块链网络中的任务。

（2）共享业务创建

当机构A进行业务处理时，比如数据的增加（例如志愿船靠岸后，通过登录终端，将观测的数据上传到本组织的服务器记录）、删除时，区块链首先对其身份证明、信用状况等基本信息进行核实，然后利用私钥进行数字签名，制成共享表单并将数据块的摘要（例如地点、时间、版权信息等）和数据详情的数字摘要存入区块链账本，区块链返回这个数据块记录在链上的唯一标志，并通过P2P网络扩散到整个区块链上的相关业务机构。

（3）全网共识

当共享表单传播至全网时，每个机构都将收到的表单暂时缓存到区块中，并选出能够记录到区块中的主节点，只要有一个部门查询到以前该信息的共享表单，它就把所有加盖时间戳的该区块记录的表单传播给全网，并由全网其他机构核对，经过一系列的检查、订正，生成了共享总表单，记录到区块链中。

（4）结果反馈

在通过区块链上的机构信息验证后，区块链将数字签名反馈给请求机构，对已有信息进行提醒，避免重录信息，反馈残缺信息，揭发有误信息，从而使请求部门做出合理的决策。

（5）带有激励机制的数据共享

网络中各方可以浏览区块链上各个数据块的数据摘要。如果有人需要某个数据块的详情，可以向数据所有方发起索取请求，数据所有方若同意后，会将数据块发送给索取方，然后双方进行代币的转移。根据代币的数额，每隔一段时间各方会进行一次结算。

（6）支持跨链扩展

整合了已有的海洋区块链的项目，并建设互联链，将上述区块链和其他区块链项目接入互联链网络，实现区块链之间的信息交流。例如，当数据发送时，索取方需要的数据并不在本链上，利用互联链，证明数据块在其他链上，并按正常方式达成交易。

### 9.4.6.3　海洋数据资源共享平台设计

因海洋数据信息量较大，直接存储于区块链上会使得网络负载过大，故交易信息和数据索引只存于块上，而数据则交由各强代理节点进行分布式存储。我们将海洋数据联盟区块链从结构上分为两个部分：数据存储链

和数据交易链。从功能上来看，数据存储链用于实现数据的发布和检索功能；数据交易链则用于实现节点数据的交易功能和交易查询功能。此外，我们还设立了系统维护模块负责维护联盟链中的节点和数据，保持系统可用且高效。图9-47展示了基于区块链技术的海洋数据资源共享应用流程。

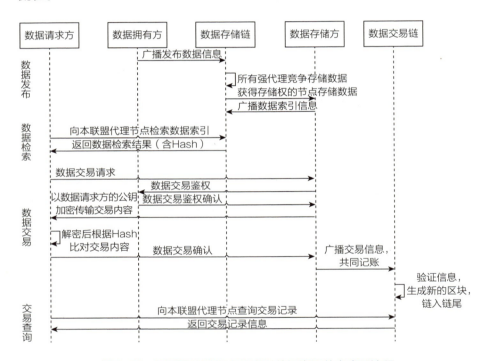

图9-47　基于区块链技术的海洋数据资源共享应用流程

在数据发布功能中，数据拥有方用户节点首先为数据定级，规定本次上传的数据是公开数据、内部数据还是敏感数据。然后，它向全网中所有强代理节点广播发布数据信息，所有强代理节点接收到此信息后根据联盟管理员设立的规则选择是否参与本次竞争。所有参与竞争的强代理节点通过随机数和"最近最少分配"结合的动态优先级方法分配数据存储权，获得存储权的强代理节点采用SHA256算法加密存储数据后，生成一份包含数据拥有者、存储地址和数据哈希值等信息的索引条目，并向整个数据存储链上所有节点广播，共同记录该条目。它们将该索引条目作为区块信息存于数据存储链末端并打上时间戳，当多个代理节点确认该条目后宣告数据存储成功。

当数据请求方用户节点需要某项海洋数据时，它可通过数据检索功能，访问其所在联盟的代理节点，然后根据该用户的访问权限对代理节点维护的数据索引目录进行检索，从而得到所需数据的索引信息。

当数据请求方用户节点得到所需数据的索引信息后，数据请求方用户节点可请求交易该数据。首先，根据索引信息，请求方向数据存储方发送交易请求，存储方接收后随即向数据拥有方发送交易鉴权申请，数据拥有方回复交易鉴权确认信息后，数据存储方将交易数据通过数据请求方公钥加密后进行发送，请求方收到交易数据后根据索引信息中的哈希值解密数据，并向数据存储方发送交易确认信息。数据存储方收到交易确认信息后向所有代理节点广播本次交易信息，所有代理节点共同记账，将账目信息作为区块记录存储于数据交易链中，即将其链至数据交易链末端并打上时间戳，当多个节点确认此单交易后宣告交易成功。

因所有账目数据公开存储于区块链上，用户节点可直接向其所在联盟的代理节点根据自身访问权限对于过往账目进行查询。在实际应用中，时常会出现节点加入和退出联盟的情况，为此引入了维护模块。区块链技术采用对等网络，因而网内节点维护着一个在启动时可以连接的对等节点列表。当一个节点第一次启动时，它将自举到对等网络，从而实现与网络中所有对等节点的连接。新节点只需连接到所需加入联盟的代理节点，继而建立对等连接后再与代理节点断开，从而完成节点的加入过程。同时，对等网络的发现机制会定时监测节点是否活跃，若某一节点一段时间内未向其他节点发送过任何信息，网络就会认为此节点已经断开，并将此节点信

息广播至数据存储链上的所有节点，若此节点曾经上传过数据，则会将该数据转至该用户所在联盟代理节点名下，由联盟管理员进行处理，从而避免大量无效数据占据存储空间。

# 10

## 海洋物联网
## 典型应用场景

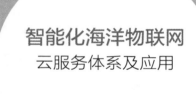

智能化海洋物联网
云服务体系及应用

海洋物联网已被广泛应用于海洋航运、海洋执法、海洋应急救援、海洋安全、海洋环境保护、海洋牧场、海洋防灾减灾等众多涉海领域[61-67]，海洋物联网云服务体系为上述业务提供了计算、平台、数据、软件、安全等资源的灵活服务，它针对具体的业务需求提供相应的云服务支撑，形成高效的、集约化的服务模式。

## ▶ 10.1 海上船队管理 ◀

海上船队管理系统根据政府相关涉海管理部门对海域辖区内船舶监管的需求，以海洋物联网云服务体系中的相关基础设施服务、通信服务、数据服务等为支撑，提供海上船舶态势监控与辅助决策等应用服务，实现海上船队智能化管理。基于海洋物联网云服务体系的海上船队管理应用服务如图10-1所示。

海上船队管理系统船载信息获取包括船舶对自身状态的感知，以及船舶对航行海域活动目标与水文气象环境的感知等；信息传输通过VSAT（卫星通信地球站）卫星通信、北斗导航卫星通信、4G/5G通信等手段实现船岸、船船之间的交互。船载感知数据经由海洋物联网通信服务层发送至数据服务层（岸端数据中心），在数据服务层完成数据引接后，系统会对船

图10-1　基于海洋物联网云服务体系的海上船队管理应用服务

载感知数据、综合AIS数据、天基遥感数据等多源信息进行融合处理，进一步开展大数据分析与智能识别；在此基础上开展数字建模与可视化处理可形成二维与三维可视化综合态势。

海上船队管理系统提供船舶航行态势监控、船舶海上综合态势监控、海上气象水文信息综合服务和辅助决策支持等应用服务，功能结构如图10-2所示。其中船舶航行态势监控子系统提供船位监控、航线查询、航次计划、历史航迹、航行记录回放等功能；海上综合态势监控子系统提供海域AIS目标监视、ADS-B目标监视、北斗目标监视、光电视频监视等监视手段；海上气象水文信息综合服务子系统可提供气象信息、水温信息、预报保障信息的显示功能；辅助决策支持子系统提供船队综合态势管控、任务执行进度监视、综合风险分析、危机应对决策支持等功能。

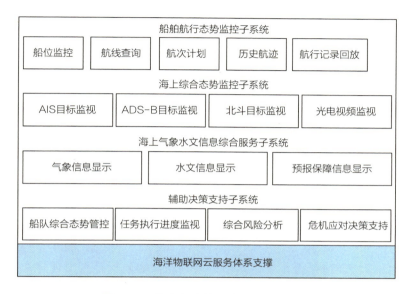

图10-2　海上船队管理应用系统框架图

## ⊕ 10.1.1　船舶航行态势监控子系统

　　船舶航行态势监控子系统在充分利用船舶已有装备的基础上，辅以卫星通信技术、矢量电子海图技术、计算机技术和气象信息处理技术，将船舶动态与管理数据、船舶自动识别系统数据、北斗通导设备以及气象数据等多态、异构数据整合在同一信息平台，通过简明易懂的方式表达复杂专业的数据，实现对船位的动态监控和船舶信息的综合显示，以达到对船舶航行安全管理的目的。

### 10.1.1.1　船位管理

　　船位管理模块利用船舶装配的北斗及GPS系统，实现对船舶的实时动态监控，为船舶航行安全提供有力保障。该模块可分为移动监控、停航监

控、无船位更新监控、重点监控及台风船舶相对位置推算五个部分。

（1）移动监控

主要针对船舶航行作业过程的位置偏移情况。在某些情况下，船舶应该处于静止状态，此时需要监控船舶是否发生移动，如果发生移动，需要报警。

当船舶设置移动监控后，即可监控该船舶以后的报告的船位是否距离监控的位置超过允许的最大偏移距离。如果超过即报警，以保障航行过程的安全。

（2）停航监控

停航监控侧重的内容与移动监控相反，用于监控船舶相邻两次报告的船位间的平均航速是否小于一定值，来判断该船航行是否出现异常。如出现异常则报警，以确保船舶航行的安全。

（3）无船位更新监控

正常情况下，船位信息都会定时传回至岸基，当船位迟迟未能得到更新时，船位更新监控功能就能提醒监管人员船舶未能按时报告船位信息。对没有准时报告船位的船舶，它以报警方式提示监管部门，以便有关人员及时做出相应处理。

（4）重点监控

可将任务船舶或者遇到紧急情况的船舶列入重点监控列表，实现对该船舶位置的重点监控，并由陆地端定时向这些船舶发出单呼请求，以获取船舶最新位置，关注实时的船舶动态。

（5）台风船舶相对位置推算

主要在台风天关注监控的船舶与当前活动台风的位置关系。如果船舶当前时间的位置在台风大风半径覆盖范围内，则报警。同时，通过后台大数据处理以及建立深度学习模型，推算台风来临前船舶的相对位置，确保船舶能及时回港避风。

### 10.1.1.2 航次查询

航次查询功能能够实时查询船舶航行的航线，包括离港地点、目的到港地点、目前所在地点、离码头时间、预计到达时间、已航行时间、到港还需时间等信息，从而将船舶的目前航线状态准确地反映给需要的人。同时航线查询也能实时更新船舶航行状态，包括船舶航行过程中船舶航向、船速等信息，及时了解船舶的情况，给乘客直观的了解。

### 10.1.1.3 航次计划

航次计划是指船舶在航行中预计的一个规划，该功能包括船舶航行的预计出发时间、预计出发地点、计划航行路线、预计到港时间、计划到港地点、计划中途停留站点、预计中途停留时间、计划船载人数等规划。

航次计划信息能够把航班信息进行信息化展示，让乘客对于船舶的班次、航行时间有一个直观的了解并进行合理的选择。

### 10.1.1.4 船舶历史航迹

船舶历史航迹功能是通过AIS技术，持续向低轨道卫星和陆地上的AIS接收机发送船舶位置信息。利用云计算技术，实现数据实时更新，历史数据海量存储和灵活调用，从而再现船舶的历史航行轨迹，为分析船舶的历史航行状况提供支持。该功能支持时间筛选，可以选择任意时间段展示历史航迹，对比每航次航行轨迹以及航行状态，让人们了解每航次的状况，便于后续统计分析油耗、能耗等情况。

### 10.1.1.5 航行记录回放

航行记录回放支持对船舶控制器、港口周围采集的航行记录信息进行历史回放，自动储存并记录管辖船舶三个月的历史航迹记录回放，可对航

路点信息查询，任何历史时段的船舶航行状态展示，以及船舶航行分析提供有力支持。

## 🌐 10.1.2　海上综合态势监控子系统

海上综合态势监控子系统以海上AIS、低空ADS-B、北斗监视系统为基础，其获取的数据经过预处理、数据融合与分析后，在电子海图上展现。该子系统具备利用多种手段获取同一监控区域信息，提供目标信息的关联和相互印证的能力，可实现管辖海域、管辖人员、管辖船舶的综合监控。

### 10.1.2.1　海域AIS目标监视

船载AIS设备通过船载VSAT网络上报本船的位置信息，同时将采集到的周边船只的AIS数据回传至岸端。AIS数据包括船舶静态数据（船名、呼号、MMSI、IMO编号、船舶类型、船长、船宽等）、船舶动态数据（经度、纬度、船首向、航迹向、航速等）以及船舶航行数据（船舶状态、吃水、目的地、ETA等）等。岸端对接收到的AIS数据进行整理，并将其与来自第三方的AIS数据进行补充与融合，在电子海图中展示。

船载导航雷达可以作为AIS信息的补充信息源。将雷达视频信息与接收到的他船AIS信息进行叠加，对周围海域进行侦测，能够较为敏感地检测到主动关闭AIS信号的船舶，及时发现违法或违规船只。

### 10.1.2.2　海域ADS-B目标监视

ADS-B可对管辖海域1000米以下的低空目标进行实时监测，从而播报航空器目标数据，包括飞机识别信息和类别信息，如位置、速度、高度、航班号、垂直速率、航向、经纬度等。

### 10.1.2.3　北斗目标监视

北斗船载终端能有效提高船舶报位频度和及时率，实现人们对船舶目标位置、目标航向、目标航速等信息的全方位获知。对船载通导设备北斗监控数据进行跟踪，可实现船舶位置的全天候、区域性的卫星目标定位监控。我们还将监控到的船舶信息进行实时回传，并在岸端对其进行数据分析处理，然后应用电子海图进行展现船队实时位置、航向、作业情况、状态等情况。

### 10.1.2.4　光电视频跟踪监视

光电视频跟踪监视子系统利用光电视频监控设备获取船只周围海域实时信息，并将其通过卫星网络实时回传至岸端。结合船舶AIS数据接收系统的实时数据，在数据融合与分析后针对可疑目标进行视频跟踪监控，通过目标运动轨迹与实时视频集成显示，对目标持续跟踪及视频取证。

## 🌐 10.1.3　海上气象水文信息综合服务子系统

海上气象水文信息综合服务子系统按照属性、空间等形式进行信息统计，依托专业的应用分析模型，实现气象水文信息综合显示与查询、预报保障信息综合显示等功能，并保障数据的准确性和实时性。

### 10.1.3.1　气象水文信息查询

气象水文信息模块基于B/S架构平台，支持查询显示海洋温盐图集产品、温跃层图集产品及海洋数值预报产品数据，可查询30日内气象实况数据及数值预报产品数据，并提供海水温度、盐度、密度、声速、海面风浪等各类要素的自动分析显示功能。

### 10.1.3.2　预报保障信息显示

该模板提供船只所在位置一定范围内及用户关心海域气象的网格化、精细化预报，为船舶的航行及监管部门提供决策支持，达到缩小预测范围、提高预测精度的效果。预报保障信息显示模块基于B/S架构平台，通过大数据分析处理，提供实时查询显示海区水文气象预报保障产品、航线水文气象预报保障产品、台风预测预警专题保障产品，为船舶安全航行保驾护航。

## 10.1.4　辅助决策支持子系统

辅助决策支持子系统提供船队综合态势管理、辅助决策、模拟演练、台风类灾害天气预报、险情会商、船舶出海辅助指导等服务。下面主要介绍船队综合态势管控、任务执行进度监视、综合风险分析、危机应对决策支持等功能。

### 10.1.4.1　船队综合态势管控

海上综合态势监视与应急处置功能可实时提供码头、重点航道、岸线等船舶航行动态的监控和海上突发事件的状态控制。它针对风暴潮灾害天气，建立灾害风险动态过程演示图，提供减灾分析、灾害漂移扩散模拟、海上事故损失评估、预报会商可视化功能，实时显示应急情况下的沟通、协调、指挥等综合态势。

### 10.1.4.2　任务执行进度监视

任务执行进度监视模块为政府相关管理部门实时监视管辖海域态势与

船队任务执行情况提供服务，包括监视海域内船舶航迹动态，展现计划航线内的船舶偏航、碰撞报警等信息，对避台期间辖区内船舶进出港、异常移动、超出正常活动范围情况及时掌握等。

### 10.1.4.3　综合风险分析

针对管辖海域及船队突发事件情境，基于事件链与综合风险评估模型，开展特定海域或事件综合风险评估，可提升海洋环境安全保障综合风险研判与管理能力。

### 10.1.4.4　危机应对决策支持

根据特定海域或事件现场信息情况和综合风险评估结果，提供评估预案、案例、知识、法规、专家意见等决策辅助信息，智能生成事件处置方案与危机决策支持方案，为事件的科学应对提供技术支撑。

# ▶ 10.2　海上执法服务 ◀

海洋执法服务应用系统根据海事监管、渔业管理、海关缉私等海洋执法需求，以海洋物联网云服务体系中的相关基础设施服务、通信服务、数据服务等为支撑，提供执法应用服务，实现海上航运船舶管理、渔船监管、非法船只监视等，并对船舶违规行为执法提供辅助决策支持。其主要应用服务包括船舶管理与调度、船舶预警管理，航行状态监控以及执法行动决策等，应用系统功能结构如图10-3所示。

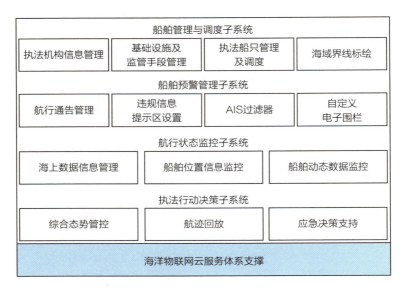

| 船舶管理与调度子系统 | | | |
|---|---|---|---|
| 执法机构信息管理 | 基础设施及监管手段管理 | 执法船只管理及调度 | 海域界线标绘 |
| 船舶预警管理子系统 | | | |
| 航行通告管理 | 违规信息提示区设置 | AIS过滤器 | 自定义电子围栏 |
| 航行状态监控子系统 | | | |
| 海上数据信息管理 | 船舶位置信息监控 | | 船舶动态数据监控 |
| 执法行动决策子系统 | | | |
| 综合态势管控 | 航迹回放 | | 应急决策支持 |
| 海洋物联网云服务体系支撑 | | | |

图10-3　海上执法服务系统功能结构示意图

## 10.2.1　船舶管理与调度子系统

船舶管理与调度子系统实现对执法机构相关信息、基础设施及监管手段、执法船只、海域界限等的管理及调度，为海上执法服务提供统一的船舶综合管理调度能力。其主要功能包括执法机构信息管理、基础设施及监督手段管理、执法船只管理及调度、海域界线标绘等。

## 10.2.2　船舶预警管理子系统

船舶预警管理子系统实现航行通告管理、违规信息提示区设置、AIS过滤器、自定义电子围栏等功能，为海上执法服务提供船舶预警信息自定义设置与综合显示能力。船舶预警信息管理子系统标绘出禁止航行区域和该区域的作业内容，此内容可通过电子围栏进行标绘，以提示危险船舶基本信息和违规内容以及处置选项等；通过调用AIS过滤器，可分类显示违规船只、客船、货船等目标。船舶预警信息显示如图10-4所示，敏感区域管理如图10-5所示。

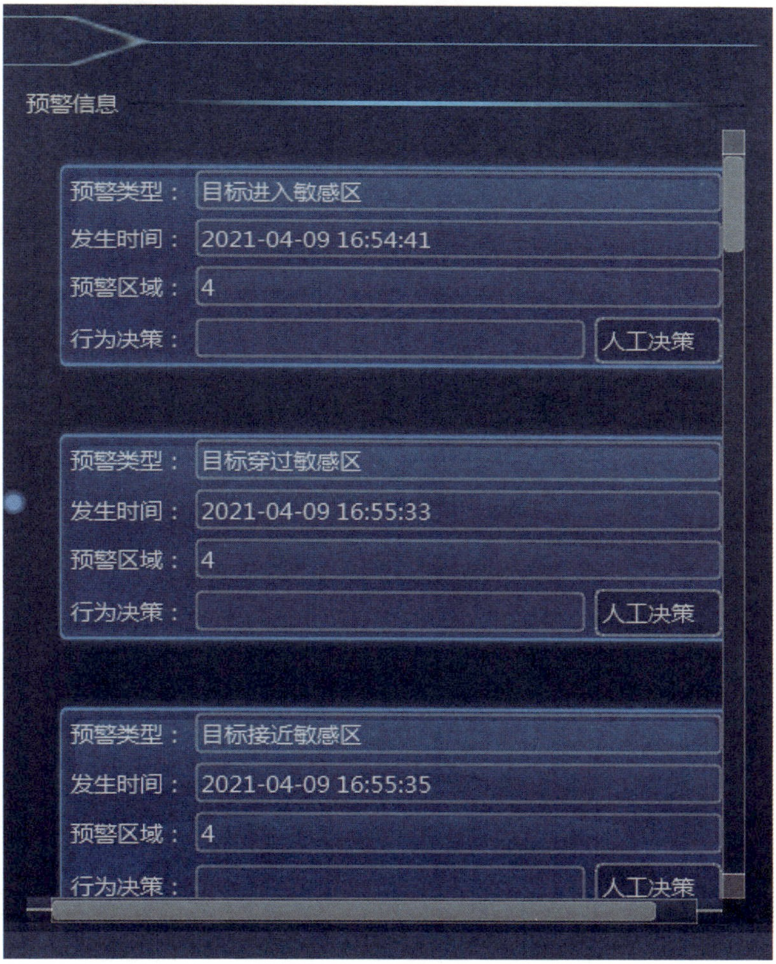

图10-4　船舶预警信息显示

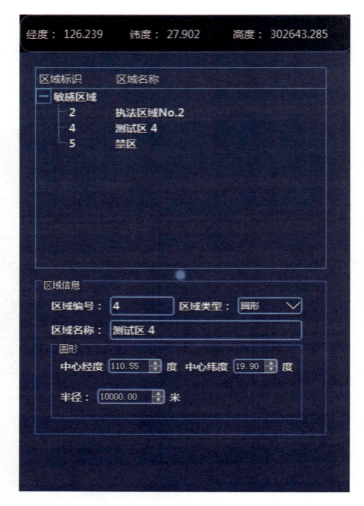

图10-5　敏感区域管理功能界面

### 🌐 10.2.3　航行状态监控子系统

航行状态监控子系统实现海上数据信息管理、船舶位置信息监控、船舶动态数据监控等功能，为海上执法服务提供船舶航行综合状态监控能力。航行状态监控子系统收集船舶航行状态信息，如气象预报信息、台风气象预报、海上态势数据、执法船只和目标船只的经纬度、航向、航速、执法船只的电罗经、雷达、气象仪、船舶摇摆仪、计程仪等数据并加以显示。及时掌握船舶各种航行设备数据可为执法船只的执法指挥和调度管理提供支持。

### 🌐 10.2.4　执法行动决策子系统

辅助决策支持模块提供了目标船只的各类动态信息并对其进行实时显示。该模块可对一艘或者多艘目标船只进行轨迹回放并显示历史状态，还能在收集的各类数据基础上形成决策建议，为指挥员进行执法船只的指挥调度提供参考依据。执法行动决策子系统主要包括综合态势管理、航迹回放、任务执行进度显示及应急决策支持功能，为系统提供可视化辅助决策以及应急决策能力。

## ▶ 10.3　海上应急救援信息保障 ◀

海上应急救援信息保障系统为了满足海上应急救援单位间信息共享与海上应急救援力量间协同作业的需求，以海洋物联网云服务体系中的相关基础设施服务、通信服务、数据服务等为支撑，提供海上应急救援综合指挥、信息收集、处理和传输的能力，实现船-岸、船-船、船-机（飞机）、船-人之间信息的高效传输和快速反应。其主要应用服务包括海上搜救决策指挥、海上遇险目标搜索与监视、海上搜救险情报知与应急通信调度等，应用系统功能结构如图10-6所示。

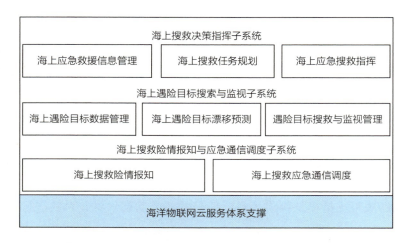

图10-6　海上应急救援信息保障系统功能结构示意图

## 🌐 10.3.1　海上搜救决策指挥子系统

海上搜救决策指挥子系统提供海上应急救援信息管理、海上搜救任务规划、海上应急搜救指挥等功能。

海上应急救援信息管理：基于海上搜救涉及的多部门现有业务系统，汇集和交互气象、海洋、水文、地质等可能威胁海上生命、财产、环境安全或造成海上突发事件发生的数据信息，提供海上应急救援信息共享服务。

海上搜救任务规划：建立海上搜救多场景应急预案，根据预设应急预案进行任务规划。利用数据挖掘、大数据分析等手段开展信息分析，提供趋势研判和辅助决策。

海上应急搜救指挥：提供岸基、海基、空基、天基等多元化海上应急救援力量联合与协同管控，搜救态势集中呈现、搜救资源管理等功能，实现海上应急救援力量间的协同作业指挥。

### 🌐 10.3.2　海上遇险目标搜索与监视子系统

海上遇险目标搜索与监视子系统提供海上遇险目标数据管理、海上遇险目标漂移预测、遇险目标搜索与监视管理等功能。

海上遇险目标数据管理：通过船岸、现场船舶、船机（飞机）之间的实时信息交互与共享，开展船载、岸基、空基、天基等有关海上搜救信息的收集活动，提供海上遇险目标的协同搜寻和监视功能。

海上遇险目标漂移预测：融合各类搜索平台与搜索设备产生的目标信息，通过预测分析，为海上搜救决策指挥和搜救人员作业提供辅助决策支持。

海上遇险目标搜索与监视管理：提供搜索平台与搜索设备的管理调度功能，呈现遇险目标的搜索与监视态势。

### 🌐 10.3.3　海上搜救险情报知与应急通信调度子系统

海上搜救险情报知：为应对不同场景的搜救任务，利用多种类型的智能险情报知设备，例如甚高频数据交换系统（VHF Data Exchange System，VDES）设备、便携式多功能电台、基于北斗/VHF的一体化救生通信设备等，通过多源信息融合处理与综合分析研判，提供综合险情报知服务，实现海上联合搜救多手段智能化险情报知。

海上搜救应急通信调度：利用应急指挥卫星通信设备、短波及超短波通信设备、专用通信设备、网络系统等多种通信手段，开展多方搜救力量现场协调通信活动，对海上应急通信中的各类资源及任务进行有效规划、统一管理和调度，以提供搜救海区以及海空一体化的综合通信保障。

# 10.4    智慧海防应用

## 10.4.1    基于海洋物联网的智慧海防建设需求

海防安全从空间上涵盖空、天、陆、海面、水下多维空间，地理上由岛礁/港口、海岸线/岛岸线、近岸海域等点、线、面组成，涉及海事、海监、渔政、海关、海警等多个部门，涵盖生态防护、安防警戒、渔政监管、缉私执法、海上救护、海洋工程、国家安全等多样化业务。海防安全建设是复杂的系统化工程，如果缺少总体谋划、顶层设计和协调发展，就容易造成零散建设、信息孤岛、资源浪费和不易维护等问题。应用海洋物联网的设计理念与关键技术，有助于建设集约高效、功能强大、智能决策的新型智慧海防系统。

## 10.4.2    智慧海防基础设施系统构成

针对生态防护、安防警戒、渔政监管等多样化海防业务需求，海洋物联网首先构建智慧海防基础设施系统，该系统主要包括港口水下观测网、近岸海域监控网和空天遥感监视网，提供水下防入侵、海面目标实时监控、海洋气象水文信息获取等功能。它还面向多类海洋业务和海洋用户按需提供海洋水文气象监测及预报、岛屿/码头等重点地域智能管控、海洋生态环境实时监测、防灾减灾预警和海上执法辅助决策服务。智慧海防基础设施系统构成如图10-7所示。

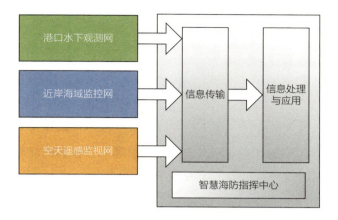

图10-7　智慧海防基础设施系统构成

### 10.4.2.1　港口水下观测网

（1）主要功能

构建港口水下观测网一方面可针对UUV、蛙人等水下入侵目标开展有效监视与探测，保障港口安全；另一方面可持续对水下生态环境、海洋生态灾害、海洋水文环境、海洋生物等进行观测，从而为海域生态环境保护和海洋灾害预报警报等提供服务。港口水下观测网主要功能包括：

1）海洋环境多要素观测：提供海洋水文、海洋物理、海洋化学、海洋声环境、海洋生物等多类要素的长期连续观测；

2）海洋目标活动实时监视：对海域内的海面、水下与低空目标进行实时监测。

（2）基本组成

港口水下观测网基本组成包括潜浮标监测系统、机动观测分系统和水下无线传输网络。其中，潜浮标监测系统包括可快速机动布放的水声地声监测潜标、传感传输浮标；机动观测系统由多功能水下滑翔机群组成；水下无线传输网络利用水声通信网，提供与水下固定传输网络、水下机动节

点之间的信息传输。

### 10.4.2.2 近岸海域监控网

（1）主要功能

对港口、码头、岛礁、专属经济区等近岸海域的监控是智慧海防建设的重要环节，它需要对近岸海域监控网开展海上目标和海洋环境的立体化监测监控，一方面针对渔区、生态保护区、敏感区、港口、航路等重要岛屿或港口附近目标实施全天候多手段实时监视，对违法（违规）捕捞、生态环保、敏感区域违法（违规）停靠、外来入侵等活动进行有效监管，并引导执法机构进行精确执法，保障海上安全维护海洋权益；另一方面建立和完善海洋环境综合感知，提升对台风、强风、干旱、寒露风，低温阴雨等灾害性天气的感知和预警能力，有效发挥防灾减灾的作用，保障沿海居民安居乐业。

近岸海域监控网主要功能包括：

1）岛屿/港口立体感知：具备海上目标、水下目标监视与海洋环境监测能力；

2）目标态势融合处理：基于多传感器信息融合、电子海图与多维可视化等手段，形成岛屿和港区立体目标状态与活动趋势的统一视图；

3）综合管控：通过信息服务能够为海洋预报预警、港口/航道监控、应急救援、海上执法、海上维权等海洋管控活动提供信息服务；

4）岛屿大气环境监测：能采集所在关注海域各气象要素，结合气象卫星数据，对雾、霾、台风、火险等灾害性天气进行预测和报警。

（2）基本组成

近岸海域监控网采用雷达、光电、AIS、北斗、ADS-B、声呐等海上目标侦测设备，以及自动气象水文站、CTD、声学多普勒海流剖面仪

（ADCP）、生态传感器、波浪传感器等海洋环境感知设备，根据应用需求构建海上目标监视分系统、海洋环境监测分系统、海洋信息传输与处理应用分系统。

### 10.4.2.3 空天遥感监视网

空天遥感监视网以天基空基等信息节点感知的遥感影像数据为基础，提供遥感数据预处理，测绘、气象、海洋应用专题处理，以及基于天基大数据的信息挖掘与分析，生成不同层级、种类应用产品，为所有层级用户推送共性需求服务，为特性需求用户打造定制产品服务，为海洋执法部门、政府涉海部门、涉海企业、公众等用户提供信息保障与辅助决策，空天遥感监视网信息服务架构如图10-8所示。

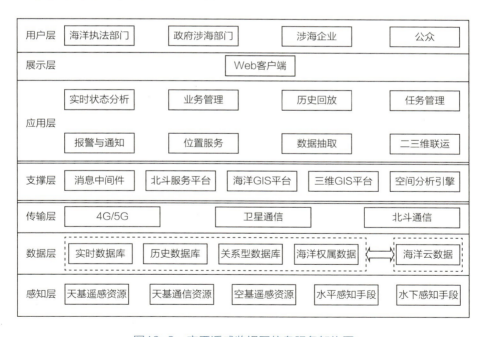

图10-8 空天遥感监视网信息服务架构图

空天遥感监视网主要功能包括：

1）为海洋环境监测、渔情分析、防灾减灾、海洋工程提供支持；

2）为海洋防灾减灾、环境保护等提供数据支撑；

3）为监测海域使用动态、海洋督察提供支撑；

4）为海洋执法提供海面舰船信息保障。

## 10.4.3 智慧海防指挥调度

（1）主要功能

智慧海防指挥调度的主要功能包括多源信息综合处理、综合指挥决策、三维实时电子沙盘服务等。

1）多源信息综合处理：对港口水下观测、近岸海域监控和卫星遥感监视信息，以及来自各类海上执法平台、涉海政府部门等信息进行综合处理。使用云计算与边缘计算结合的云–端分布式信息处理，岛基信息经边缘计算预处理后被传输到区域级海洋信息处理中心，区域级海洋信息处理中心将数据上传至中心级海洋信息处理中心进行综合处理，面向不同的涉海用户提供不同的信息服务。

2）综合指挥决策：通过拟制行动方案、下达行动命令，对边防管理、警务实战、营区管理、公众服务、研判指挥、灾害防治、城市日常管理等各类业务平台实施指挥协调。

3）三维实时电子沙盘服务：基于数字高程模型（DEM）、数字正射影像图（DOM）、二维地图、三维模型、交通运输数据、监控视频、社会数据、通信数据、社交数据、媒体数据、气象水文场数据、经济数据等海量基础数据，以及水下观测、海面监控、卫星遥感等实时数据，建设三维实时电子沙盘，提供数据预处理、数据挖掘、基础技术引擎和专业算法支撑等功能。

（2）基本组成

智慧海防指挥中心由总指挥中心与多个下属指挥分中心构成，各级指挥中心之间通过公网、专用网以及卫星进行相互通信。各级指挥中心均建设有数据中心、硬件平台和软件平台。其中数据中心建设包括有数据预处理、组织、存储一体化平台；硬件平台包括云计算设施、高速网络等；软件平台提供基于三维实时电子沙盘的综合指挥调度。

各级指挥中心在统一建设的标准化规范的基础上，上下级指挥中心间实现数据、指令和工作流程的互通，指挥中心可以与一线工作人员进行网络移动端上的可视通信指挥。各级指挥中心系统建设包括：

1）多源数据接入和存储平台，为指挥中心提供数据基础；

2）高性能并行计算集群，同时部署三维实时电子沙盘，为指挥中心提供必需的计算能力；

3）面向本机指挥中心的业务平台；

4）实现指挥操作的交互显示平台。

指挥中心系统构架如图10-9所示，指挥中心接入多源数据到本地的多源数据接入和存储平台上，提供给业务平台调用；将三维实时电子沙盘部署到本地的高性能并行计算集群上，为业务平台提供计算基础；业务平台根据指挥中心的业务需求，部署边防管理、警务实战、营区管理、公众服务、研判指挥、灾害防治、城市日常管理、应急预案管理、综合训练平台在内的多项业务功能；交互显示平台为指挥中心内用户提供了包括大屏展示、PC端控制展示、移动终端、VR终端、AR终端在内的多种交互显示平台；业务平台可以根据业务需要与上下级指挥中心进行数据与指令交互，为公众用户和一线工作人员提供业务服务。

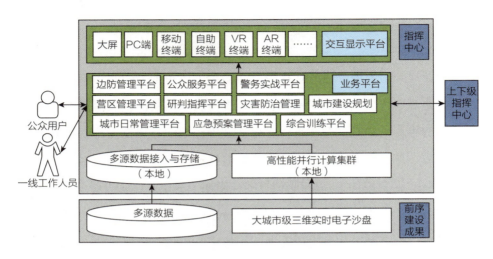

图10-9　智慧海防指挥中心系统构架图

# 10.5　海域环境质量监测信息溯源

## 10.5.1　基于跨域通信区块链网关的海域环境质量监测

　　以海域环境质量监测为应用场景，以海洋物联网云服务体系中的相关基础设施服务、通信服务、数据服务、区块链服务等为支撑，在海洋物联网跨域通信管理系统中开发区块链网关，可提供基于跨域通信区块链网关的海域环境质量监测信息溯源的功能。

　　跨域通信区块链网关通过跨域通信管控设备提供的应用接口读取各类海洋环境监测传感器采集的数据，将其以特定格式进行打包，并进行加密将数据上链。跨域通信区块链网关的数据接口与数据格式由传感器数据采集系统提供统一规范，考虑岸海数据传输的经济性和时效性，根据业务用户需求对关注数据进行抽取处理，提取信息上链。

海域环境质量监测信息溯源主要功能包括：

（1）提供区块链平台并配置分布式存储节点数据库；

（2）提供基于区块链的海洋环境监测数据管理；

（3）提供海洋环境监测数据的真实性验证。

## 🌐 10.5.2　海域环境质量监测信息溯源工作流程

海域环境质量监测信息溯源工作流程如图10-10所示，海域环境质量监测传感器将采集到的水文、水质等数据发送至同一观测系统或平台的跨域通信管控设备，跨域通信管控设备通过内部的应用接口再发送至区块链模块，数据在区块链模块上进行预处理后，经通信管控设备选择LoRa、4G、北斗导航通信、卫星移动通信等可用的通信路由转发到岸基跨域通信管控中心节点。岸基节点的通信管控设备通过外部的局域网接口将数据传送至区块链模块进行链上存储。岸基区块链节点为实施海域环境质量监视与管理的海洋用户节点；区块链信息共享及节点管控平台对链上节点进行管理和维护，对链上数据进行共享和展示。

在海基观测节点，区块链模块是运行在通信管控设备上的轻量化区块链前置模块；在岸基中心节点，区块链模块可单独运行在高性能计算机上。区块链模块与跨域通信管控设备之间的数据交互流程如图10-11所示，海基跨域通信管控设备主进程使用 TCP 方式与区块链模块进行通信，并按照业务帧约定的字段格式，将传感器获取的原始数据传递至区块链模块。经由区块链模块处理后的数据，按照业务帧数据格式重新组包为通信帧，并发送给通信管控设备的主进程，通过海基通信管控设备提供的 UDP 方式

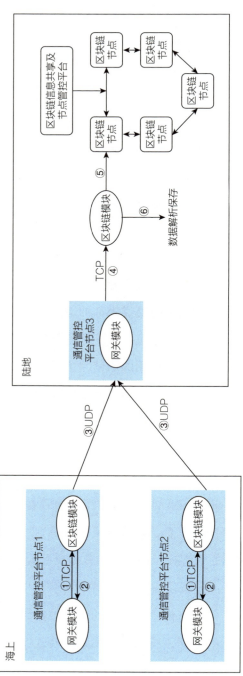

图10-10 海域环境质量监测信息溯源工作流程图

进行传输，转发至岸基通信管控设备。岸基通信管控设备通过订阅/发布方式将数据发送至岸基区块链模块，区块链模块将数据同时发送给区块链网络和数据解析模块，前者进行上链处理，后者进行数据解析处理。

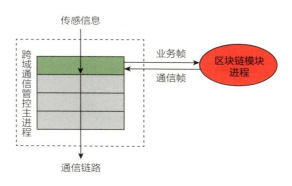

图10-11　区块链模块与跨域通信管控设备之间的数据交互

# 10.6 智慧渔港综合管理服务

渔港是渔业综合生产的一体化基地，智慧渔港建设是沿海渔业发展的重要任务。我们可根据智慧渔港管理需求，以海洋物联网云服务体系中的相关基础设施服务、通信服务、数据服务等为支撑，提供渔港安全管理、渔港运营管理、渔港环境管理等服务。

## 🌐 10.6.1 渔港安全管理

渔港安全管理包括渔港全域视频监控、渔港气象灾害预报预警、渔港应急管理、渔港渔船动态监控等。

（1）渔港全域视频监控

提供渔港的全域视频监控管理，以及渔港空间数据库和属性数据库管理，基于GIS引擎服务提供多维可视化综合监控。

（2）渔港气象灾害预报预警

基于渔业港口气象监测预警预报系统，通过相关数据采集、信息整合与模型分析等，提供渔港天气与海洋信息的实时预报和灾害预警服务，提高对突发天气灾害的预防能力。

（3）渔港应急管理

提供渔港应急预案管理、应急管理方案决策、应急管理后评估等服务。其目的在于在渔港自然灾害、火灾、港池污染等事故发生前采取预防措施，降低和避免事故的发生；在发生事故时，及时发现并采取合适的应急救援措施，使人员伤亡、财产损失和环境破坏最小等。

（4）渔港渔船动态监控

提供对渔港的渔船信息（船位、报警、进出港、短信等）、业务信息、管理信息等数据的采集、处理、存储、分析、展示、传输及交换的服务。

## ⊕ 10.6.2　渔港运营管理

渔港运营管理包括渔港港区人车货出入管理、渔港码头和泊位调度管理、渔港物业综合管理、渔港运营数据采集与分析等。

（1）渔港港区人车货出入管理

对渔港港区出入闸进行管理，包括对港区人、车出入进行管理，对出入港区渔货的数据采集和管理。

（2）渔港码头和泊位调度管理

需要合理安排渔船离泊泊位、时间，进行窗口时间控制等，记录船舶进出港动态，包括调度权与人员配备安排，使用图形化的形式反映泊位的使用情况，码头泊位调度管理，渔货、补给等信息收集，码头应急事件反馈，渔港卸鱼码头、补给码头等泊位利用率统计等功能需求。

（3）渔港物业综合管理

经营管理方需要从渔港对内管理的角度，实现对港口内部人、财、物资、设备、港口资源的精细化、可视化管理。这包括水产品交易市场及渔人码头物业租赁管理、码头渔工等劳务人员管理、人力资源管理、财务资金管理、物资采购管理、设备管理、协同办公、安全生产管理等内容。

（4）渔港运营数据采集与分析

提供对渔港吞吐量（人、车、船、货）、渔港补给（水、冰、油等）量、渔货交易量、渔船维修量、经营性收费、冷库使用情况、用电量等数据的统计分析，以获得渔业管理的基础数据。

### ⊕ 10.6.3  渔港环境监测管理

渔港环境管理包括渔港生态环境监测、渔港航道监测等。

（1）渔港生态环境监测管理

渔港是渔船赖以停泊的区域，渔港水域环境污染将直接危及海洋环境。渔港在经营过程中需要对渔港区域的地理环境、气候条件、海洋水文、地质地貌等动态环境进行监测，汇集应用海洋、环保、气象等多部门生态环境监测信息，实现统一监测与行业监测相结合。

（2）渔港航道监测管理

渔港航道养护管理、进港作业船舶管理、航保信息管理、水文泥沙信息发布等。

# 11

## 面向多业务的轻量化海洋物联网应用系统

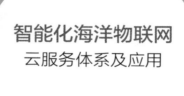

智能化海洋物联网
云服务体系及应用

针对海洋物联网多业务应用需求，在海南省重大科技计划项目支持下，中国船舶集团有限公司系统工程研究院与中国科学院声学研究所北海站共同研制了多功能、小型化、低成本的浮潜标设备，以构建轻量化海洋物联网应用系统，使其基于智能化海洋物联网云服务体系，提供海洋协同感知、跨域通信、区块链安全、智能应用等多样化服务。

# 11.1  物理组成

轻量化海洋物联网应用系统的主要信息节点类型包括锚系式多功能浮标、漂流小浮子、坐底式海床基等。通过在特定区域布放若干的轻量化海洋物联网应用系统，为海气交互及上层海洋过程科学研究、海洋观监测装备发展、海洋环境综合信息获取等提供技术手段和数据服务。轻量化海洋物联网应用系统部署示意如图11-1所示，以多功能浮标为主节点，按需布放多个漂流小浮子和坐底式海床基。

图11-1　轻量化海洋物联网应用系统示意图

多功能浮标作为海洋信息传输网关节点，集成4G通信、卫星导航通信、卫星移动通信、LoRa无线通信与水声通信等多种通信手段，提供岸基与海面、海面与水下的跨域通信服务。多功能浮标利用卫星通信方式向岸基发送采集数据和导航定位信息，接收岸基的控制指令，并利用水声通信方式完成岸基命令向水下的转发，也可将水下采集数据上传至船基、岸基和天基等海洋物联网信息节点。多功能浮标与漂流小浮子之间的信息传输，以及多个漂流小浮子之间的信息传输可利用LoRa无线通信方式完成，或者利用北斗卫星中继通信完成。轻量化海洋物联网应用系统信息流程如图11-2所示。

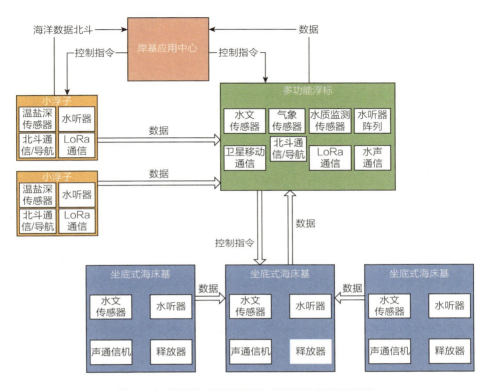

图11-2  轻量化海洋物联网应用系统信息流程图

## 11.2  海洋物联网锚系式多功能浮标

海洋物联网锚系式多功能浮标是一种集成多种海洋观测传感器与多种通信手段的低成本小型化海洋资料浮标，能够长期在恶劣的海洋环境下工作。浮标能够搭载多种传感器，可测量海洋目标、水文气象环境以及海洋环境噪声等。浮标可搭载多种通信设备，提供岸基、海面、水下的数据远程实时传输。例如，它能通过搭载声学设备，与水下单元进行通信定位，

确保水下单元的设备安全并及时获取水下单元位置信息。浮标内部配置数据处理模块，能够对多源感知信息和多通道声信息进行预处理。该设备也可作为深远海观测平台的信息中继传输节点，将深远海观测信息实时传回岸站处理中心，提升信息时效性。

## 🌐 11.2.1  产品组成及主要功能

（1）产品组成

多功能浮标主要组成包括浮标体、数据采集系统、数据预处理系统、通信系统等，可监测海洋目标活动，以及测量水文、气象以及海洋环境噪声等，并对采集到的数据进行预处理。多功能浮标组成如图11-3所示。

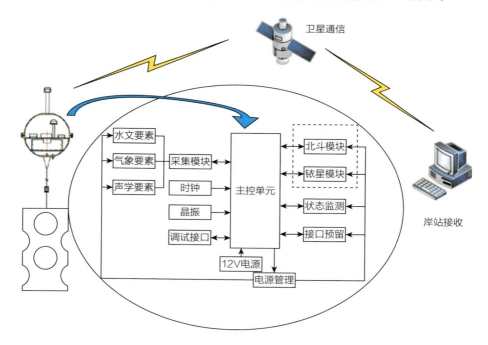

图11-3  多功能浮标组成示意图

漂流浮标体主要由球型标体、承重电缆、水帆、各种仪器安装支架等部分组成。海上环境复杂多变，浮标稳定可靠地完成数据采集、处理及传输工作面临巨大考验，这也对浮标体结构和材料提出了较高的要求。

数据采集系统由主控单元、采集模块、数据接口模块等部分组成，主要用于完成水文、气象以及海洋环境噪声等多种海洋要素的数据采集，其设计遵循低功耗和高可靠性原则。

数据预处理系统用于实现多通道水声信号采集、处理、存储、分析、目标检测等功能，以及多传感器数据分类、提取、打包、压缩等功能，为海洋物联网提供边缘计算服务。

浮标通信系统包括4G通信、卫星导航通信、卫星移动通信、LoRa无线通信与水声通信等多种通信手段，它们分别接入跨域通信管控设备，完成海面与岸基、海面与水下的跨域通信。浮标通信系统由浮标端通信终端和岸站通信终端组成。浮标端通信终端通过向外发送数据或者接收上位机指令，使技术研究人员能够及时了解浮标工作现场的海洋环境情况；岸站数据接收中心通过计算机与卫星接收终端连接，对来自浮标的数据进行解析、显示及存储，或者向外发送指令，改变浮标工作模式或测量参数配置。

（2）主要功能

多功能浮标主要功能如下：

1）具备海面姿态翻倒自恢复功能，能够在4级海况下稳定工作；

2）具备温盐深、浊度、pH值、气象等数据采集功能；

3）具备多通道水声探测功能；

4）具备数据预处理和数据存储功能；

5）具备4G、卫星、无线通信、水声通信功能；

6）预留多个外设接口，实现设备多功能扩展。

## 🌐 11.2.2　物理结构

　　浮标标体不仅要保证防水性、密封性以及标体表面的疏水性，还要保证良好的电磁波穿透性、内部定位通信模块固定的抗震性和通信的稳定性和可靠性。

　　浮标总体尺寸如图11-4所示。浮标总重约100千克，整体采用不锈钢焊接而成，为保证其在海面长时间工作的可靠性，其表面采用防腐漆、牺牲阳极等防腐措施。浮标采用上、下分体结构，中间采用O形密封圈保证水密，为其内部非水密仪器设备提供可靠安装空间。

图11-4　浮标总体尺寸图

　　根据布放海域及搭载任务载荷不同，我们通过增减配重以调整水线位置，从而满足抗风浪及稳定性要求。控制舱顶部通过螺钉连接安装座，安装座的顶部安装有综合气象传感器。安装座采用 ABS（丙烯腈、丁二烯–苯乙烯共聚物）材料制成，安装座与控制舱以及安装座与综合气象传感器之间均安装O型圈密封。综合气象传感器可采集风速、风向、气温、气压等数据。

控制舱底部中心通过螺栓连接安装水密电缆，水密电缆选用具有承重能力的材料，其上端引入控制舱，连接到数据采集模块，下端连接水听器。为了避免水听器附加拉力，将水听器置于一个保护罩中。保护罩采用笼式结构，由POM（聚甲醛）材料制成，其上部连接水密电缆中的承重线芯，下部通过螺栓连接水帆。水密电缆下端与保护罩及水听器连接处采用硫化胶进行密封。控制舱底部安装一个温度传感器及电导率传感器，可采集海水温度和盐度。多功能浮标总体布局如图11-5所示。

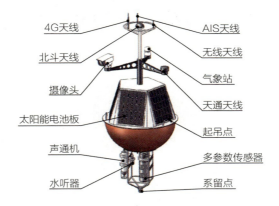

图11-5　浮标总体布局

浮标中间顶部有天线杆，布置有4G天线、AIS天线、北斗天线、LoRa无线通信天线等以实现不同的通信要求，各天线通过透波材质封装，以适应恶劣天气。浮标内部配置海洋物联网跨域通信设备，如图11-6所示。

天线杆下方布置有仪器安装架，配置有摄像机、气象站及卫星移动通信天线等。浮标上壳侧周分布5块太阳能电池板，以实现电力自给。浮标下壳底安装有仪器架，可搭载不同种类的海洋数据观测仪器以及水声通信机。壳体上预留有多种仪器通信、物理接口，这使其具备通用性，可根据任务载荷的不同更改配置。仪器架底为系留点。多功能浮标根据布放海域及搭载任务载荷不同，可通过增减配重以调整水线位置，从而满足抗风浪

及稳定性要求。图11-7展示了锚系式多功能浮标水池试验的情况。

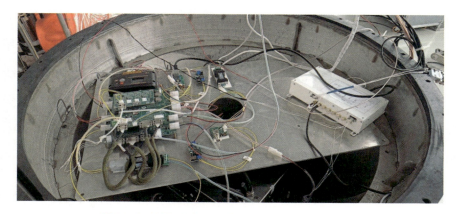

图11-6　浮标内部配置海洋物联网跨域通信设备

图11-7　锚系式多功能浮标水池试验

### 🌐 11.2.3  搭载设备

海洋物联网锚系式多功能浮标搭载设备如表11-1所示。

**表 11-1  海洋物联网锚系式多功能浮标搭载设备列表**

| 序号 | 设备名称 | 接口 |
|------|----------|------|
| 1 | 气象传感器 | RS232 |
| 2 | 水听器 | AD |
| 3 | CTD | RS232 |
| 4 | 多参数传感器 | RS485 |
| 5 | 摄像头 | RS485 |
| 6 | 北斗通信模块 | RS232 |
| 7 | 天通卫星通信模块 | RS232 |
| 8 | ADCP | RS232/RS485 |
| 9 | ADS-B | RS232 |
| 10 | 磁力仪 | RS232 |
| 11 | 水声通信机 | RS232 |
| 12 | 电磁频谱监测仪 | 以太网 |

### 🌐 11.2.4  电池组设计

由于海洋物联网锚系式多功能浮标工作时长大于90天，选择18650锂电池，功耗如表11-2所示。

**表 11-2  海洋物联网锚系式多功能浮标功耗列表**

| 名称 | 功率（瓦） | 每日工作时长（小时） |
|------|-----------|---------------------|
| 气象传感器 | 1.25 | 1 |
| CTD | 0.2 | 1 |

续表

| 名称 | 功率（瓦） | 每日工作时长（小时） |
|---|---|---|
| 多参数传感器 | 0.72 | 1 |
| 摄像头 | 1 | 1 |
| 天通通信模块 | 2 | 1 |
| 北斗通信模块 | 10 | 1 |
| 控制板 | 0.02 | 24 |
| 水听器 | 0.036 | 24 |

# 11.3　海洋物联网漂流小浮子

　　海洋物联网漂流小浮子也是一种低成本小型化浮标，在尺寸和质量上均低于海洋物联网锚系式多功能浮标，具有易于携带、便捷布放的特征优势，具备采集海洋水文资料和实时定位传输数据的功能，能够根据搭载传感器的不同满足海流数据测量、海洋环境监测、海洋科考调查等需求。小浮子与海洋物联网锚系式多功能浮标协同使用，将采集的信息传递给海洋物联网锚系式多功能浮标进行预处理，再将其传回岸基进行综合处理分析。

## 🌐 11.3.1　产品组成及主要功能

　　（1）产品组成

　　漂流小浮子由表面浮标及其搭载的传感器构成，如图11-8所示。表面浮标为系统提供浮力，浮标内部安装能源模块、数据采集模块及通信模块。浮标外部挂载温盐深传感器和水听器，使用水密接插件将数据传输至漂流小浮子内的数据采集模块进行处理。

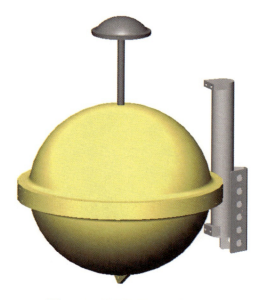

图11-8 海洋互联网漂流小浮子

漂流浮标体主要由球型标体、仪器安装支架等部分组成。海上环境复杂多变，漂流浮标稳定可靠地完成数据采集、处理及传输工作面临巨大考验，这也对浮标体结构和材料提出了较高要求。

数据采集与传输系统以漂流浮标为载体，由主控单元、采集模块、通信模块、电源模块等部分组成，需要完成水听器数据采集、处理及传输工作，其设计遵循低功耗和高可靠性原则。

漂流小浮子通信采用广距（Long Range，LoRa）无线通信和北斗导航卫星通信方式。LoRa是陆地物联网的一种常用通信方式，采用扩频调制方式和UHF频段，实现可靠数据通信，它被广泛用于智慧社区、智能家居和智慧农业、智能物流等行业。在海洋物联网应用中，LoRa能够提供1~5千米传输距离和300比特/秒至20千比特/秒传输速率，具有功耗低组网灵活、抗干扰能力强等特点。它在可用通信范围内实现浮标群内部通信，以及浮标

和抵近船只之间的数据交互。

（2）主要功能

海洋物联网漂流小浮子主要功能包括温盐深数据采集功能、水听器数据采集功能、北斗短报文通信功能、无线传输功能等。平台直径≤60厘米，工作时长≥90天，无线传输距离≥5千米。

### 11.3.2 控制系统设计

海洋物联网漂流小浮子控制系统主要由电池组、主控电路、矢量水听器、通信模块及定位模块组成。电池组为整个系统提供能源，主控电路是系统的核心部分，用来采集、处理、存储水听器数据信息。电池采用一次锂电，电池容量高，可有效提高浮标寿命，浮标外置程序下载及数据接口，可有效减少开舱次数，增加系统环境适应性及可靠性。电气连接如图11-9所示。

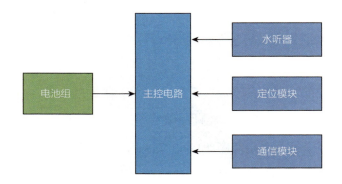

图11-9 电气连接图

海洋物联网漂流小浮子主控电路如图11-10所示。主控电路由多点控制单元（MCU）和其他外围电路组成，MCU采用STM32F767系列单片机，具有低功耗模式，外设接口丰富，是一款高性能低功耗单片机。

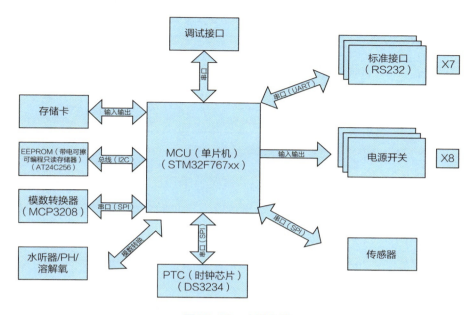

图11-10 主控电路

MCU是整个控制模块的核心器件，其他外部电路通过各种通信接口与MCU相连，通过软件编程实现MCU的数据采集、处理、存储等各项功能。外围电路中存储卡采用SD卡，用于存储传感器测量的数据；电擦除可编程只读存储器（EEPROM）用于存储系统的配置信息，例如工作时间间隔等；Sensor是主控电路的板载传感器，可以测量浮标内部气压、温湿度等信息；实时时钟（RTC）采用DS3231，是主控电路的实时时钟芯片；电路还具有八路的MOS管开关电路以及七路RS232接口，用于控制通信模块、无线模块、CTD等。

### 🌐 11.3.3 搭载设备

（1）CTD

高精度温盐深测量仪由温度传感器、电导率传感器、压力传感器、测量转换电路、耐压舱等部分组成，主要性能如表11-3所示。

表 11-3　高精度温盐深测量仪主要性能列表

| 测量参数 | 温度 | 压力 | 电导率 |
|---|---|---|---|
| 测量范围 | −2 ~ 45 摄氏度 | 0~20 兆帕（MPa） | 0 ~ 70 毫西 / 厘米（mS/cm） |
| 精度 | ±0.002 摄氏度 | ±0.1%F.S | ±0.01 毫西 / 厘米（mS/cm） |
| 分辨率 | 0.0001 摄氏度 | ±0.002%F.S | 0.001 毫西 / 厘米（mS/cm） |

（2）水听器

我们采用了SCA2型水听器，该款水听器采用压电陶瓷环（PZT-5）作为敏感材料的压电水听器，具有灵敏度高、性能稳定、噪声低等特点，如图11-11所示，技术参数如下：

频率范围：20赫兹 ~ 20千赫兹；

灵敏度：−171分贝 ± 2分贝；

前放增益：20分贝；

供电电压：6 ~ 12VDC；

电流：4毫安。

图11-11　水听器

（3）北斗模块

我们选用GNM2A12型模块，块内部集成了高性能RDSS射频收发芯片、10瓦输出功率的功放模块、北斗专用RDSS基带电路，以及一款国产BD2 B1/

GPS L1小型化导航定位模块，可实现RDSS定位、通信功能和RNSS导航定位等功能，如图11-12所示。

图11-12  北斗通信模块

（4）无线传输模块

无线传输模块选用E32-433T30S, E32-433T20S 是一款基于 Semtech 公司 SX1278 射频芯片的无线串口模块（TTL 电平），它采用透明传输方式，工作在 410～441兆赫兹频段（默认 433兆赫兹），采用 LoRa 扩频技术。SX1278 支持 LoRa扩频技术，LoRa直序扩频技术具有更远的通信距离，抗干扰能力也更强，同时具有极强的保密性。

## 🌐 11.3.4  电池组设计

设备工作时长需要大于90天。我们考虑体积、使用方便性、可靠性的要求，选用了二次锂电池18650。18650锂电池最大功率为3.2安/3.6伏。为防止电池短路现象，18650添加了保护板，也可避免电池过充过放。

## 🌐 11.3.5  标体设计

标体的设计直径为38厘米，半球体底端被设计为一个直径5厘米的圆形平面，这样方便安装吊环，加强水密性。我们使用超声热熔技术使两半球

融为一体，有效提升了物联网浮球水密性，并且在热熔处充分涂抹强防渗水胶（耐油硅酮密封胶，耐高低温性好，温度范围−50～250摄氏度），对热熔口做双重密封，保证球体密封良好。

# 11.4　坐底式海床基

坐底式海床基主要由仪器舱、压载锚、声通信机、水听器、温盐深传感器、释放器组成，如图11-13所示。仪器舱由玻璃浮球、主控模块、电源模块组成，其中玻璃浮球为系统提供浮力，主控模块完成水听器、温盐深传感器数据采集，电源模块为系统提供能源；压载锚可保障系统在水下处于一种负浮力状态，保证其稳定性；海床基与浮标试验平台间可通过声通信机完成信息交互；释放机构由换能器与熔断释放器组成，当系统收到岸基释放指令后，释放机构完成熔断释放。

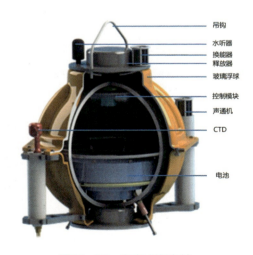

图11-13　坐底式海床基

# 11.5　岸基应用中心

岸基应用中心为轻量化海洋物联网提供云服务，接收汇集来自海洋物联网锚系式多功能浮标的预处理数据，并对其进行融合处理和大数据分析。例如，通过轻量化海洋物联网获取的海洋目标信息生成实时海上目标态势；通过获取的海洋水文气象信息和海洋生态信息为海洋环境保护提供支撑；通过获取的海洋环境噪声信息进行海洋活动目标监视和海洋鱼类识别。

岸基应用客户端采用B/S架构，通过浏览器进行操作，可为用户提供简单易用、界面友好的使用模式，其主要功能包括信息接入处理、信息显示、设备控制、异常报警、数据回放查询以及系统配置等，如图11-14所示。

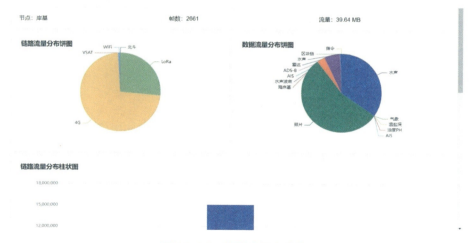

图11-14　岸基应用客户端

# 11.6  结语

　　面向多业务的轻量化海洋物联网应用系统，我们通过云服务实现了轻量化低成本的海洋观测平台及其搭载的低功耗多功能传感器的灵活组网应用，这将有力促进海洋物联网多业务发展[70]。轻量化海洋物联网应用系统可大规模应用于海洋环境观测、海洋生态监测、海洋目标探测和海洋通信中继。随着材料科学和微电子产业的发展，海洋平台和海洋仪器将进一步缩小体积，提高性能，降低成本，为海洋业务提供更加多样化、智能化的海洋信息综合感知和海洋跨域通信服务。

# 参考文献

［1］吴功宜.智慧的物联网［M］.北京：机械工业出版社，2010.

［2］中国通信工业协会物联网应用分会.智联未来——从物联网到智联网［M］.北京：中国科学技术文献出版社，2021.

［3］杨正洪.智慧城市：大数据、物联网和云计算之应用［M］.北京：清华大学出版社，2014.

［4］周鹏，田维平.农业物联网分层结构设计.计算机时代［J］.2018（9）：17—20.

［5］柳罡，陆洲，周彬，等.天基物联网发展设想［J］.中国电子科学研究院学报，2015，10（6）：586—592.

［6］周立，谢宏全，董春来，等.海洋物联网展望.地理信息与物联网论坛暨江苏省测绘学会2010年学术年会论文集［C］.无锡：现代测绘，2010：5—7.

［7］李四海，张峰.物联网技术综述及海洋信息化发展对策［J］.海洋通报，2012，31（3）：354—359.

［8］郭忠文，姜思宁，刘超，等.海洋物联网云平台发展趋势与挑战［J］.海洋信息，2018（1）：25—26.

［9］姜晓轶，符昱，康林冲，等.海洋物联网技术现状与展望［J］.海洋信息，2019，34（3）：7—11.

［10］ITU Internet Report 2005: The Internet of Things ［EB/OL］.http://www.itu.int/pub/S-POL-IR.IT-2005/e.

［11］张晶，徐鼎，刘旭，等.物联网与智能制造［M］.北京：化学工业出版社，2019.

［12］中国国家标准化管理委员会.物联网 参考体系结构：GB/T 33474—2016［S］.北京：中国标准出版社，2017.

［13］沈苏彬，毛燕琴，范曲立，等.物联网概念模型与体系结构［J］.南京邮电大学学报（自然科学版），2010，30（4）：2—9.

［14］陈海明，崔莉，谢开斌，等.物联网体系结构与实现方法的比较研究［J］.计算机学报，2013，36（1）：168—188.

［15］瞿逢重，来杭亮，刘建章，等.海洋物联网关键技术研究与应用.电信科学［J］，2021，37（7）：25—33.

［16］GOOS Homepage［EB/OL］.http：//www.ioc-goos.org.

［17］U.S.IOOS Program. U.S.Intergrated Ocean Observing System （U.S.IOOS）［R］.2013 Report to Congress, 2013.

［18］U.S. Intergrated Ocean Observing System: A Blue print for Full Capability Version 1.0［S］.U.S.Office，2010.

［19］黄孝鹏，曹伟，崔威威，等.外国海洋环境监测系统与技术发展趋势.中国造船工程学会电子技术学术委员会装备技术发展论坛论文集［C］.2017（10）：30—35.

［20］石绥祥，雷波.中国数字海洋——理论与实践［M］.北京：海洋出版社，2011.

［21］DARPA.Ocean of Things［EB/OL］.https://www.darpa.mil/program/ocean-of-things.

［22］DARPA. DARPA awards Xerox Parc a contract for the next phase of the Ocean of Things project[EB/OL].2020[2021].https://iotbusinessnews. com/2020/10/22/60216-darpa-awards-xerox-parc-a-contract-for-the-next-phase-ofthe-ocean-of-things-project/.

〔23〕中国国家标准化管理委员会.信息安全技术 物联网安全参考模型及通用要求：GB/T 37044—2018〔S〕.北京：中国标准出版社，2018.

〔24〕云计算：概念、技术与架构〔M〕.龚奕利，贺莲，胡创，译.北京：机械工业出版社，2015.

〔25〕李伯虎.云计算导论〔M〕.2版.北京：机械工业出版社，2021.

〔26〕林文敏.云环境下大数据服务及其关键技术研究〔D〕.南京：南京大学，2015.

〔27〕尹路，李延斌，马金钢.海洋观测技术现状综述〔J〕.舰船电子工程，2013，33（11）：5.

〔28〕黄冬梅，贺琪，郑小罗，等.海洋信息技术与应用〔M〕.上海：上海交通大学出版社，2016.

〔29〕杨东凯，王峰.GNSS反射信号海洋遥感方法及应用〔M〕.北京：科学出版社，2020.

〔30〕禹润田，李昊，冯师军，等.潜浮标技术发展应用及展望〔J〕.气象水文海洋仪器，2022（001）：39.

〔31〕戴洪磊，牟乃夏，王春玉，等.我国海洋浮标发展现状及趋势〔J〕.气象水文海洋仪器，2014，31（2）：118－121，125.

〔32〕徐文，李建龙，李一平，等.无人潜水器组网观测探测技术进展与展望〔J〕.前瞻科技，2022，1（2）：60－78.

〔33〕潘光，宋保维，黄桥高，等.水下无人系统发展现状及其关键技术〔J〕.水下无人系统学报，2017，25（2）：8.

〔34〕原晋谦，李之宇，叶勉.《美国天军卫星通信发展愿景》分析〔J〕.国际太空，2020（10）：3.

〔35〕王彤.美国"海洋物联网"项目发展现状与关键技术分析〔J〕.

无人系统技术，2021，4（3）.

［36］陈华志，邓拥军，费玮玮.海上云计算通信网络体系结构研究
［J］.舰船论证参考，2013，（4）.

［37］蒋冰，华彦宁，吕憧憬，等.海上应急通信技术研究进展［J］.
科技导报，2018，36（6）：28—39.

［38］夏明华，朱又敏，陈二虎，等.海洋通信的发展现状与时代挑
战.中国科学：信息科学，2017，47（6）：677—695.

［39］肖娜，骆盼.自主卫星移动通信系统在海上通信中的应用［J］.
电信网技术，2017，10：6—11.

［40］闫钊，马芳，郭银辉，等.全球卫星互联网应用服务及我国的发
展策略［J］.卫星应用，2022，121（1）：26—33.

［41］高艳丽，陈才，等.数字孪生城市：虚实融合开启智慧之门
［M］.北京：人民邮电出版社，2019.

［42］侯雪燕，郭振华，崔要奎，等.海洋大数据：内涵、应用及平台
建设［J］.海洋通报，2017，36（4）：9.

［43］董贵山，王正，刘振钧，等.基于大数据的数字海洋系统及安全
需求分析［J］.通信技术，2015，48（5）：6.

［44］［EB/OL］.http://www.thebigdata.cn/Hadoop/.

［45］王华伟.铁路运输设备技术状态大数据平台架构研究［D］.北
京：中国铁道科学研究院，2017.

［46］刘宴兵，胡文平.物联网安全模型及关键技术［J］.数字通信，
2010，37（4）：28—33.

［47］杨庚，许建，陈伟，等.物联网安全特征与关键技术［J］.南京
邮电大学学报（自然科学版），2010，30（4）：20—29.

［48］乔蕊.区块链赋能物联网应用关键技术研究［M］.北京：人民邮

电出版社，2021.

［49］唐皇，尹勇，神和龙.海船异常行为检测综述［J］.重庆交通大学学报（自然科学版），2019，38（9）：109—115.

［50］王冬海，卢峰，方晓蓉，等.海洋大数据关键技术及在灾害天气下船舶行为预测上的应用［J］.大数据，2017，3（4）：81—90.

［51］刘智深，关定华.海洋物理学［M］.济南：山东教育出版社，2004.

［52］洪阳，侯雪燕.海洋大数据平台建设及应用［J］.卫星应用，2016（6）：26—30.

［53］张弘弢.发展智慧海洋 建设海洋强国［N］.中国船舶报，2015—06—12（001）.

［54］陈德，姜新旺，王艳霞，等.基于Hyperledger的自交易共享平台解决方案［J］.计算机时代，2018（1）：20—22.

［55］华为区块链技术开发团队.区块链技术及应用［M］.2版.北京：清华大学出版社，2021.

［56］张驰，王瑞，程骏超，等.基于区块链技术的海洋数据资源共享应用设计［J］.科技导报，2020，38（21）：69—74.

［57］Dorri A, Steger M, Kanhere S S, et al. BlockChain: A Distributed Solution to Automotive Security and Privacy［J］. IEEE Communications Magazine, 2017, 55（12）：119—125.

［58］贾亚茹，刘向阳，刘胜利.去中心化的安全分布式存储系统［J］.计算机工程，2012，38（3）：126—129.

［59］Haeberlen, A, A. Mislove, and P. Druschel ."Glacier: Highly durable, decentralized storage despite massive correlated failures." Symposium on Networked Systems Design & Implementation DBLP［C］. 2005.

［60］程骏超，张驰，何元安.区块链技术在跨部门海洋数据共享中的应用［J］.科技导报，2020，38（21）：60—67.

［61］王萍.中国—东盟海洋交通物联网互联互通合作建设研究［J］.国际经济合作，2018，（6）：38—44.

［62］蒋元涛.海洋运输企业物联网采纳行为研究［J］.社会科学辑刊，2016（3）：186—194.

［63］周颖.海运中的物联网大数据协同处理系统研究［J］.舰船科学技术，2017，39（1A）：135—137.

［64］潘诚.海洋维权执法的科技支撑体系研究［D］.山东：中国海洋大学，2014.

［65］李国栋，陈军，汤涛林，等.渔业船联网关键技术发展现状和趋势研究［J］.渔业现代化，2018，45（4）：49—58.

［66］王恩辰，韩立民.浅析智慧海洋牧场的概念，特征及体系架构［J］.中国渔业经济，2015，33（2）：5.

［67］周玉坤，徐白山，孙克红，等.基于物联网的海洋灾害监测预警系统探讨［J］.国家安全地球物理丛书（九）——防灾减灾与国家安全，2013，10：40—45.

［68］张万良.基于物联网的海洋区域生态监控系统开发［J］.舰船科学技术，2017，39（2A）：139—141.

［69］何世钧，陈中华，张雨，等.基于物联网的海洋环境监测系统的研究［J］.传感器与微系统，2011，30（3）：13—15.

［70］王波，李民，刘世萱，等.海洋资料浮标观测技术应用现状及发展趋势［J］.仪器仪表学报，2014，35（11）：2401—2414.